中央高校教育教学改革基金(本科教学工程)
"复杂系统先进控制与智能自动化"高等学校学科创新引智计划　　联合资助
中国地质大学(武汉)"双一流"建设经费

Android 平台
嵌入式仪器设计
Android PINGTAI QIANRUSHI YIQI SHEJI

宋恒力　葛健　刘欢　董浩斌　编著

图书在版编目(CIP)数据

Android 平台嵌入式仪器设计 /宋恒力等编著. —武汉:中国地质大学出版社,2021.6
中国地质大学(武汉)自动化与人工智能精品课程系列教材
ISBN 978-7-5625-5010-5

Ⅰ.①A…
Ⅱ.①宋…
Ⅲ.①智能仪器-设计-高等学校-教材
Ⅳ.①TP216

中国版本图书馆 CIP 数据核字(2021)第 086478 号

Android 平台嵌入式仪器设计	宋恒力 葛健 刘欢 董浩斌 **编著**	
责任编辑:周 旭　　选题策划:毕克成 张晓红 周 旭 王凤林		责任校对:徐蕾蕾
出版发行:中国地质大学出版社(武汉市洪山区鲁磨路388号)		邮编:430074
电　　话:(027)67883511　　传　　真:(027)67883580		E-mail:cbb@cug.edu.cn
经　　销:全国新华书店		http://cugp.cug.edu.cn
开本:787 毫米×1092 毫米　1/16	字数:307 千字	印张:12
版次:2021 年 6 月第 1 版	印次:2021 年 6 月第 1 次印刷	
印刷:武汉市籍缘印刷厂		
ISBN 978-7-5625-5010-5		定价:58.00 元

如有印装质量问题请与印刷厂联系调换

自动化与人工智能精品课程系列教材
编委会名单

主 任：吴 敏 中国地质大学(武汉)
副主任：纪志成 江南大学
        李少远 上海交通大学
编 委：(按姓氏笔画为序)
        于海生 青岛大学
        马小平 中国矿业大学(徐州)
        王 龙 北京大学
        方勇纯 南开大学
        乔俊飞 北京工业大学
        刘 丁 西安理工大学
        刘向杰 华北电力大学
        刘建昌 东北大学
        吴 刚 中国科学技术大学
        吴怀宇 武汉科技大学
        张小刚 湖南大学
        张光新 浙江大学
        周纯杰 华中科技大学
        周建伟 中国地质大学(武汉)
        胡昌华 中国人民解放军火箭军工程大学
        俞 立 浙江工业大学
        曹卫华 中国地质大学(武汉)
        潘 泉 西北工业大学

序

为适应新工科建设要求，推动自动化与人工智能融合发展，中国地质大学（武汉）自动化学院联合教育部高等学校自动化类专业教学指导委员会和中国自动化学会教育工作委员会的有关专家，依托先进模块化的课程体系，有机融入"课程思政"的相关要求，突出前沿性、交叉性与综合性的新内容，组织编写了自动化与人工智能精品课程系列教材，以服务于新时代自动化与人工智能领域的人才培养。

系列教材涵盖了专业基础课、专业主干课、专业选修课、课程设计等教学内容。教材设置上依托教育部高等学校自动化类专业教学指导委员会首批自动化专业课程体系改革与建设试点项目（全国五个试点项目之一）和中国地质大学（武汉）教育教学改革项目的研究成果，以"重视基础理论、突出实际应用、强化工程实践"的课程体系设计为主线。包括增强知识点教学的连贯性，提高对自动化系统结构认知的完整性；知识点对应的工具成体系，提高对主流技术和工具认知的完整性；面对特定应用环境的设计技术成体系，提高对行业背景下设计过程认知的完整性。充分体现以控制理论、运动控制、过程控制、嵌入式系统、测控软件技术、人工智能与大数据技术等为模块的教材设计。

本系列教材由教育部高等学校自动化类专业教学指导委员会委员、中国自动化学会教育工作委员会委员、高校教学主管领导和教学名师担任编审委员会委员，并对教材进行严格论证和评审。

本系列教材的组织和编写工作从2019年5月开始启动，并与中国地质大学出版社达成合作协议，拟在3～5年内出版20种左右的教材。

本系列教材主要面向自动化、测控技术与仪器及相关专业的本科生，控制科学与工程相关专业的研究生以及相关领域和部门的科技工作者。一方面为广大在校学生的学习提供先进且系统的知识内容，另一方面为相关领域科技工作者的学习和工作提供参考。欢迎使用本系列教材的读者提出批评意见和建议，我们将认真听取意见，并作修订。

自动化与人工智能精品课程系列教材编委会
2020年12月

前 言

在新一轮科技革命和产业变革的大背景下,计算机、超大规模集成芯片、智能传感器、移动通信等领域得到了飞跃性的发展。在相关技术迅猛发展的推动下,测控仪器也被引入了更多新的功能。嵌入式仪器是根据嵌入式系统设计原理构建的测控仪器,是智能仪器与嵌入式技术相结合形成的新形态。嵌入式仪器在智能仪器构架的基础上,与移动互联网络技术有机结合,利用大数据和智能算法,使测量设备更加小型化、智能化,进一步提高了智能仪器的自动化程度并扩展了其使用范围,可以更加有效地管理和协调智能仪器的各种复杂功能。

近几年来,Android 嵌入式操作系统应用越来越广泛,将 Android 操作系统与智能仪器设计相结合,可以增强智能仪器通信、交互、数据处理等方面的能力,实现智能仪器的功能升级,缩短开发周期,节省仪器生产成本。目前智能手机和平板计算机的高度普及,使得大范围的分布式测控成为现实,人们可在任何时间从任何地点获取相关测量信息。开发 Android 平台下的仪器终端,提供高度灵活的解决方案和友好的用户体验,成为智能仪器设计技术新的方向。

然而,要在短时间内掌握 Android 平台的仪器开发技术难度较大,原因在于:①Android 开发涉及操作系统原理、面向对象程序设计、Java 语言、数据库、计算机网络等大量先修课程,自学难度较大;②大多数 Android 教材都没有针对仪器设计领域的开发实例,学习起来缺乏目标性。

本书以智能仪器开发的技术需求为出发点,在嵌入式系统基本原理的基础上,以 Android 系统为平台,介绍嵌入式仪器开发技术;将 Android 开发中与仪器设计有关的技术进行提炼,排除系统开发中的知识难点,针对性地阐述开发仪器的设计实例,帮助读者在实践中循序渐进地掌握 Android 开发的关键技术。

书中对嵌入式系统软、硬件结构和组成原理进行了介绍,对 Android 开发平台搭建步骤进行了详细阐述,对仪器定制化功能的开发技术进行了着重讲解。本书内容涉及 Java 语言基本语法、Android 系统结构、触控型人机界面开发、传感器驱动、数据存储技术、无线数据传输、远程测控系统等方面的知识,读者通过学习能快速了解嵌入式系统开发流程,掌握 Android 平台嵌入式技术,并将其应用于智能仪器的设计与开发。

本书可作为自动化、测控技术与仪器及相关专业的高年级本科生的教材,也可作为相关专业研究生的教学参考书,同时可供从事仪器仪表、自动控制及计算机应用的工程技术人员参考。

本书由宋恒力主持编写,葛健、刘欢、董浩斌等参与编写和审稿。中国地质大学(武汉)自动化学院2016级张杏林、谢树康、赵昌峰、王书樵、吴双、王宇铎等同学在编写案例、修改文本等工作中付出了辛勤的努力。本书编写初稿时,这些同学还是大四的学生,临近本书出版之际,这些同学都已成长为自动化学院的在读研究生。可以说,他们与本书一同成长,结下了奇妙的缘分,在此表示由衷感谢!

本书在编写过程中参考和引用了许多国内外文献,在此对文献的作者表示真诚的感谢!

书中所有实例的源代码均可用微信扫描下方二维码免费获得。由于编写时间仓促,加之作者水平有限,书中难免有错误和不足之处,欢迎广大读者批评指正。

宋恒力
2021年5月于武汉

目 录

第一章 绪 论 …………………………………………………………… (1)
 第一节 嵌入式系统简介 …………………………………………… (1)
 第二节 嵌入式系统的组成 ………………………………………… (9)
 第三节 嵌入式处理器 ……………………………………………… (11)
 第四节 嵌入式系统工程设计 ……………………………………… (14)
 第五节 小 结 ……………………………………………………… (17)

第二章 嵌入式系统基本原理 …………………………………………… (19)
 第一节 嵌入式系统硬件组成 ……………………………………… (20)
 第二节 ARM 体系结构 …………………………………………… (21)
 第三节 嵌入式操作系统 …………………………………………… (25)
 第四节 小 结 ……………………………………………………… (28)

第三章 Android 嵌入式开发入门 ……………………………………… (30)
 第一节 Android 简介 ……………………………………………… (30)
 第二节 Android 开发平台的搭建 ………………………………… (32)
 第三节 Android 架构 ……………………………………………… (39)
 第四节 运行 Hello World 程序 …………………………………… (42)
 第五节 小 结 ……………………………………………………… (43)

第四章 Android 编程基础 ……………………………………………… (44)
 第一节 面向对象程序设计基础 …………………………………… (44)
 第二节 Android 的开发语言——Java …………………………… (51)
 第三节 Android 程序的结构 ……………………………………… (59)
 第四节 实现简单的界面 …………………………………………… (61)
 第五节 小 结 ……………………………………………………… (63)

第五章 Android 应用程序的界面控件 ………………………………… (65)
 第一节 Android 中的 Activity ……………………………………… (65)
 第二节 人机交互界面组件 ………………………………………… (71)
 第三节 布局和菜单 ………………………………………………… (74)
 第四节 常用控件及应用实例 ……………………………………… (80)
 第五节 小 结 ……………………………………………………… (92)

第六章　Intent 的应用 ……………………………………………………………（93）
第一节　Intent 的构成 …………………………………………………………（93）
第二节　Intent 的作用 …………………………………………………………（95）
第三节　Intent 的分类 …………………………………………………………（97）
第四节　Intent 的实现 …………………………………………………………（98）
第五节　应用实例 ………………………………………………………………（106）
第六节　小　结 …………………………………………………………………（109）

第七章　Android 数据存储技术 …………………………………………………（111）
第一节　文件存储技术 …………………………………………………………（111）
第二节　SQLite 数据库技术 ……………………………………………………（114）
第三节　小　结 …………………………………………………………………（127）

第八章　Android 的网络通信 ……………………………………………………（129）
第一节　网络通信协议 …………………………………………………………（129）
第二节　Socket 通信 ……………………………………………………………（131）
第三节　Android 设备与单片机之间的网络通信 ……………………………（134）
第四节　Android 设备与 PC 之间的网络通信 ………………………………（145）
第五节　小　结 …………………………………………………………………（150）

第九章　Android 平台下的传感器开发实例 ……………………………………（152）
第一节　光线传感器 ……………………………………………………………（153）
第二节　加速度传感器 …………………………………………………………（156）
第三节　磁场传感器 ……………………………………………………………（159）
第四节　姿态传感器 ……………………………………………………………（161）
第五节　小　结 …………………………………………………………………（163）

第十章　基于 Android 的测控系统 ………………………………………………（165）
第一节　Android 示波器 ………………………………………………………（165）
第二节　基于 Android 平台的电热水器远程控制系统 ………………………（170）
第三节　基于 Android 的数据采集系统设计 …………………………………（173）
第四节　其他 Android 平台嵌入式仪器案例 …………………………………（175）

主要参考文献 ………………………………………………………………………（178）

第一章 绪 论

第一节 嵌入式系统简介

一、嵌入式系统的定义

根据英国电气工程师协会(Institution of Electrical Engineers,IEE)的定义,嵌入式系统(Embedded System)是一种完全嵌入受控器件内部,为特定应用而设计的专用计算机系统。与个人计算机的通用计算机系统不同,嵌入式系统完成的任务通常具有某一特殊的要求。由于嵌入式系统只针对某项特殊任务,开发人员可以对它进行大量优化,从而降低产品的成本。

目前国内对嵌入式系统的一个普遍的定义为,嵌入式系统是以应用为中心,以计算机技术为基础,并且软、硬件可裁剪,适应于应用系统对功能可靠性、成本、体积、功耗等方面有特殊要求的专用计算机系统。嵌入式系统的 3 个基本要素是嵌入性、专用性和计算机系统。其中,嵌入性表示嵌入式系统必须满足对象系统的环境要求,如物理环境、电气环境、成本等;专用性表示嵌入式系统软、硬件的裁剪性,满足对象要求的软、硬件配置等;计算机系统表示嵌入式系统必须是能满足对象系统控制要求的计算机系统,这样的计算机必须配置有与对象系统相适应的接口电路。

嵌入式系统的核心是由一个或几个预先编好的程序,以及用来执行少数几项任务的微处理器或单片机组成,其嵌入性本质是将一个计算机"嵌入"到一个对象体系中去。任何包含一个或多个专用或者通用计算机部件的电子设备,即使不以计算机形态出现,只要是将计算机"嵌入"在电子设备内,并能执行特定功能的计算机硬件和软件的结合体,都可以称为嵌入式系统。

二、嵌入式系统的典型产品

嵌入式系统的应用十分广泛,涉及日常生活、工业生产、航空航天等多个领域。随着电子技术和计算机技术的发展,嵌入式系统不仅在上述领域中有了深入的应用,而且在其他传统的非信息类设备中也逐渐显现出用武之地。

（一）工业控制产品

基于嵌入式芯片的工业自动化设备在工业生产中发挥着重要作用，目前已经有大量的 8 位、16 位嵌入式微控制器应用于人们的生产生活。现阶段，嵌入式系统的网络化已成为提高生产效率、保证产品质量、减少人力资源的主要途径，在工业过程控制、数字机床（图 1-1）、电力系统、电网安全、电网设备监测（图 1-2）及石油化工系统等领域中具有重要作用。随着技术的发展，32 位、64 位的处理器也逐渐成为工业控制设备的核心。

图 1-1　典型的数字机床

图 1-2　电网设备监测

（二）交通管理应用产品

在车辆导航、汽车服务、信息监测、流量控制方面，嵌入式系统技术已获得了广泛的应用，内嵌 GPS 模块、GSM 模块的移动定位终端已成功使用于各种运输行业。目前 GPS 设备已经进入到普通百姓的家庭，极大地方便了人们的出行。车辆导航应用产品如图 1-3 所示。

图 1-3　车辆导航应用产品

(三) 信息家电产品

目前信息家电产品为嵌入式系统应用的最大领域。冰箱、空调等的网络化、智能化也使人们的生活进入一个崭新的时代。人们即使不在家中,仍可通过电话线、互联网等对这些应用了嵌入式系统的家电产品进行远程控制,给日常生活提供了方便。从这些应用中可以看出,嵌入式系统有着不可或缺的作用,使家电产品变得更加智能化。嵌入式系统的应用产品冰箱如图 1-4 所示,空调如图 1-5 所示。

图 1-4　冰箱　　　　　　　　　图 1-5　空调

(四) 家庭智能管理系统

随着小区规模的扩大以及楼层的增高,传统的水、电、煤气等的抄表工作面临着严峻的挑战。为了满足当代人们的生活需要,新型远程自动抄表系统已被大量使用,这也正是嵌入式系统的典型应用。另外,嵌有专用控制芯片的安全防火、防盗系统亦将代替传统的人工检查,实现系统控制的更高性能。典型智能家居系统如图 1-6 所示。除了在家庭管理系统中体现了嵌入式系统的优势,在一些服务领域,如远程点菜器等,也体现了嵌入式系统的重要作用。

(五) POS 网络及电子商务

公共交通无接触智能卡(Contactless Smart Card,CSC)、公共电话卡发行系统、自动售货机及各种智能 ATM 终端已逐渐进入人们的生活,为人们的工作、出行提供了很好的服务。市面上常见的自动售货机如图 1-7 所示,自助终端如图 1-8 所示。

(六) 环境工程与自然

水文资料实时监测、水土质量监测、堤坝安全检测、地震监控、水源和空气污染监测是环境工程领域中的重要技术方法,这些技术方法往往应用于环境较为恶劣的地区,工作人员很难到达现场。为了解决这样的难题,一些装有嵌入式系统的设备与仪器被投入到工作现场。设备的网络化、远程化管理实现了即使工作人员不在监测现场,也可对现场情况实时监测与控制,保障了工作人员的安全,提高了监控效率。

图 1-6　智能家居系统

图 1-7　自动售货机

图 1-8　自助终端

(七) 机器人

嵌入式芯片的发展将使机器人在微型化、智能化等方面的优势更加明显,同时大幅降低了机器人的价格,使其在工业和服务等领域获得更广泛的应用。充分应用嵌入式技术的机器人产品如图 1-9 所示。机器人内部控制系统不同,可以完成的工作也不同,如帮助人们做家务、帮助孩子学习、搜救遇险人员等。显然,嵌入式系统的应用无论是在推动科技发展方面还是在提高人们的生活质量方面都有着十分重要的意义。

图 1-9　机器人

三、嵌入式系统的分类

嵌入式系统的种类繁多,分布在生活中的各个方面。按照不同的方法,可以进行如下几种分类:按照处理器不同可以分为 8 位、16 位、32 位等嵌入式系统;按照实时性不同可以分为软实时系统、硬实时系统;按照应用领域不同可以分为消费类、智能仪器仪表类、通信设备类、国防武器类、生物微电子类、汽车电子类嵌入式产品等。

(一)按嵌入式系统的处理器分类

1. 典型的 8 位微处理系统

MCS-51 系列的单片机是 Intel 开发较为成功的单片微处理器,是低端嵌入式系统中使用最多的微处理器,在许多方面得到了应用。

2. 典型的 16 位微处理系统

著名的 16 位微处理器有 MCS-96 系列和 8086 系列。目前 16 位处理器多用于成本、功耗、体积等要求较特殊的场合,如 MSP430 系列、16 位 DSP 等。随着 32 位处理器的普及,16 位处理器正在淡出市场。

3. 典型的 32 位微处理系统

ARM 是应用较广泛的 32 位微处理器,虽然该系列的 MCU 芯片很多,但大多均以 ARM 为核心并集成不同的接口,软件系统基于嵌入式操作系统且软、硬件资源丰富。ARM 处理器内核分为经典核心和 Cortex 核心。目前流行的 STM32 系列就是一款 ARM 内核的处理器,该系列绝大部分芯片是 Cortex-M 内核。另外,32 位的 DSP 微处理器应用也十分广泛。

(二)按嵌入式系统的实时性分类

根据嵌入式系统的定义可知,嵌入式系统对实时性的要求存在差别,不同的应用对嵌入式系统的实时性要求不同。按照实时性的不同,可将嵌入式系统分为软实时系统和硬实时系统两类。

1. 软实时系统

软实时系统的时限是灵活的,可以容忍偶然的超时错误,失败造成的后果并不严重,仅仅是降低了系统的吞吐量。软实时系统从统计的角度来看是指一个任务能够确保得到处理,即到达系统的事件能够在截止期限前得到处理,但处理时间超过截止期限并不会带来致命的错误,如实时多媒体系统就属于软实时系统。基于 Linux 操作系统的嵌入式系统(RTLinux)是一个很典型的软实时系统,虽然 RTLinux 对系统的调度机制做了很大的改善,使其实时性能得到了提高,但是 RTLinux 仍为一个软实时系统。

2. 硬实时系统

硬实时系统是指即使系统工作在最坏的情况,也要确保完成服务的时间,即必须满足事件响应时间的截止期限，如对宇宙飞船的控制就是应用的这样的系统。硬实时系统对系统的运行有一个刚性的、严格可控的时间限制，它不允许任何超出时限的错误发生。超时错误不仅会带来系统的损害，还可能导致系统不能实现它的预期目标，甚至可能导致系统失败。基于 VxWorks、eCos、Nucleus 等操作系统的嵌入式系统均是硬实时系统。

（三）按嵌入式系统的应用领域分类

嵌入式系统技术具有非常广阔的应用前景，可应用在消费电子、智能仪器仪表、通信设备、国防武器、生物微电子和汽车电子等方面。

1. 消费电子类嵌入式产品

嵌入式系统在消费电子类产品应用领域的发展最为迅速，同样该领域对嵌入式微处理器的需求量也最大。由嵌入式系统构成的消费类电子产品已经成为现实生活中必不可少的一部分，如智能冰箱、流媒体电视等，常见的消费电子类嵌入式产品如图 1-10 所示。

图 1-10　常见的消费电子类嵌入式产品

这些消费类电子产品中的嵌入式系统含有一个嵌入式应用处理器、一些外围接口及一套基于应用的软件系统等。例如数码相机的镜头后面就是一个 CCD 图像传感器，其后有一个 A/D 器件把模拟图像数据变成数字信号送到嵌入式应用处理器中进行适当的处理，再通过应用处理器的管理实现图像在 LCD 上的显示以及在 SD 卡或 MMC 卡上的存储等功能。

2. 智能仪器仪表类嵌入式产品

这类产品可能离日常生活有点距离，但是对于开发人员来说却是实验室里的必备工具，如网络分析仪、数字示波器、热成像仪等。通常这类嵌入式设备中都有一个应用处理器和一个运算处理器，可以完成一定的数据采集、分析、存储、打印、显示等功能，它们大大地提高了开发人员的开发效率，可以说是开发人员的"助手"。

3. 通信设备类嵌入式产品

这类产品多数应用于通信机柜设备中，如路由器、交换机、家庭媒体网关等，其中路由器和交换机在民用市场中使用较多。通常在一个典型的 VoIP（Voice over Internet Protocol）系统中，嵌入式系统会扮演不同的角色，如网关、关守、计费系统、路由器、VoIP 终端等。基于网络应用的嵌入式系统也非常多，目前远程监控领域的嵌入式系统市场应用越来越广泛。

4. 国防武器类嵌入式产品

国防武器设备是应用嵌入式系统设备较多的领域之一，如雷达识别、军用数传电台、电子对抗设备等。如图1-11所示的歼20战机就是典型应用嵌入式系统的国防武器,其嵌入式大气数据传感器系统就是一个体现嵌入式思想的设备。由于第五代战机对隐身性能要求较高,所以传统战机采用大量空速管来采集大气数据的方法已不能适应这一高要求,故一种可以完美契合隐身战机蒙皮的嵌入式大气数据传感器就被发明了出来。这种嵌入式系统可以在不依靠传统空速管与静压管的前提下,通过十分敏感的压力传感器阵列对战机表面的压力变化分布进行精确的测量,并以此计算出战机周围的各种大气数据,为战机的飞行安全提供了坚实的保障。

图1-11 歼20战机

美军曾在海湾战争中采用了一套Ad-Hoc自组网作战系统,将利用嵌入式系统设计开发的Ad-Hoc设备安装在直升机、坦克、移动步兵身上,构成一个自愈合、自维护的作战梯队。这项技术现在发展成为MESG技术,该技术同样依托于嵌入式系统的发展,已经广泛应用于民用领域,如消防救火、应急指挥等。

5. 生物微电子类嵌入式产品

指纹识别、声纹识别、人脸识别、生物传感器数据采集等应用中也广泛采用嵌入式系统设计。现在环境污染已经成为人类面临的突出问题,可以想象,随着技术的发展,未来的空气、河流中或许会存在很多的微生物传感器对环境状况进行实时监测,甚至可以实时地把这些数据传回环境监测中心,以避免产生严重的环境污染问题。

6. 汽车电子类嵌入式产品

嵌入式系统有体积小、功耗低、集成度高、子系统间能通信融合的优点,这就使其非常适合应用于汽车工业领域。随着汽车技术的发展以及微处理器技术的不断进步,嵌入式系统在汽车电子技术中得到了广泛应用。目前,从车身控制、底盘控制、发动机管理、安全系统到车载娱乐、信息系统等都离不开嵌入式技术的支持。汽车电子嵌入式系统大大提高了汽车电子系统的实时性、可靠性以及智能化程度。

四、嵌入式系统的发展趋势

嵌入式技术诞生于信息时代,是一种计算机应用技术。计算机技术有通用化和专用化两个发展方向,通用计算机系统的技术要求的是高速、海量的数值计算,其技术发展方向是总线速度的无限提升,存储容量的无限扩大;而嵌入式计算机系统的发展方向是专用化,技术要求是对象的智能化控制能力,其技术发展方向是与对象系统密切相关的嵌入性能、控制能力与系统的可靠性。

数字信息时代使得嵌入式产品拥有了巨大的发展契机,嵌入式产品市场也呈现了很好的发展前景,与此同时嵌入式产品生产厂商也面临着新的挑战。目前嵌入式系统有以下几个重大发展趋势。

(一)系统工程化

嵌入式开发是一项系统工程,因此嵌入式系统厂商不仅要为用户提供嵌入式软、硬件系统,同时还要提供硬件开发工具和软件包支持。

现阶段很多厂商已经充分考虑到这一点,他们在主推系统的同时,也将开发环境作为推广重点。例如,三星在推广 Arm7、Arm9 芯片的同时还提供开发板和板级支持包(BSP),Window CE 在主推系统时也提供 Embedded VC++作为开发工具,VxWorks 的 Tonado 开发环境和 DeltaOS 的 Limda 编译环境等都是这一趋势的典型体现。

(二)功能多样化

随着互联网技术的成熟和带宽速率的日益提高,以往功能单一的设备如电话、手机、冰箱、微波炉等也在性能上得到了很大的改进。它们的结构更加复杂,功能不再单一化,更好地顺应了时代的发展。

例如,为了满足应用功能的升级,设计者一方面采用更强大的嵌入式处理器,如 32 位、64 位 RISC 芯片或数字信号处理器(Digital Signal Processor,DSP),增强处理能力;另一方面增加功能接口(如 USB),扩展总线类型(如 CAN BUS),加强对多媒体、图形等的处理,逐步实施片上系统(System on Chip,SoC)的概念。软件方面采用实时多任务编程技术和交叉开发工具技术来控制功能复杂性,简化应用程序设计、保障软件质量和缩短开发周期。

(三)网络化

未来的嵌入式设备为了适应网络发展的要求,其硬件部分需提供各种网络通信接口来实现设备间的网络通信。显然传统的单片机尚不能支持网络,但新一代的嵌入式处理器已内嵌网络接口,且大多支持 TCP/IP 协议,部分处理器还支持 IEEE1394、USB、CAN、Bluetooth 或 ZigBee、4G/5G 通信协议中的一种或者几种。通过相应的通信组网协议软件和物理层驱动软件以及内核支持网络模块,即可在设备上嵌入 Web 浏览器,真正实现各种设备的联网。

(四)精简系统内核,降低功耗和软、硬件成本

未来的嵌入式产品将是软、硬件紧密结合的设备。为了降低功耗和成本,设计者需要最大化地精简系统内核,仅保留与系统功能紧密相关的软、硬件,利用最低成本的资源实现最完美的功能。为了满足以上要求,设计者需要在实践中确定最佳的编程模型并且不断改进算法,优化编译器性能。这就要求设计者不仅需具备丰富的硬件知识,还需要掌握先进嵌入式的软件技术。

(五)交互友好化

嵌入式设备能与用户亲密接触,最重要的原因是它能提供非常友好的用户界面、图像界

面以及灵活的控制方式。此外，嵌入式设备对专业知识的要求低，甚至不需要了解相关知识就能让人们快速地掌握嵌入式产品的使用方法，未来嵌入式系统发展趋势将是更高的可交互性和高度抽象化。

例如，智能手机作为人们生活中最常见的消费类嵌入式系统产品，为用户提供了大量的交互信息，接收用户指令操作及反馈操作结果信息等，快速准确地满足用户的使用需求，且其友好的界面极大地帮助用户更进一步掌握手机的使用方法。

第二节　嵌入式系统的组成

嵌入式系统由硬件系统和软件系统组成，如图 1-12 所示。硬件系统包括嵌入式处理器和外围硬件设备，是整个操作系统和应用程序运行的平台，由处理器、存储器、外部设备、I/O 接口等部分组成，不同的应用有不同的硬件环境。软件系统由嵌入式操作系统（可选），以及用户的应用软件系统组成。嵌入式操作系统完成嵌入式应用的任务调度和控制等核心功能。嵌入式应用程序运行于操作系统之上，利用操作系统提供的机制完成特定功能。完整的嵌入式系统软、硬件框架结构如图 1-13 所示。

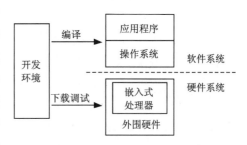

图 1-12　嵌入式系统的组成

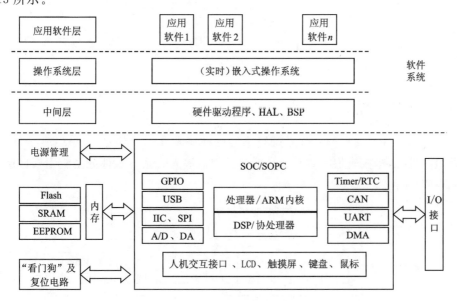

图 1-13　嵌入式系统软、硬件框架结构图

一、嵌入式系统硬件

嵌入式系统的硬件以嵌入式处理器为核心，集成度高，一些基本的设备如 GPIO、定时器、中断控制器等，一般都集成在处理器之中。根据实际应用和规模的不同，有些嵌入式系统会采用外部总线，如 IIC、SPI、蓝牙、红外、CAN 等。嵌入式处理器带有外部总线时，可以扩展内存。为满足嵌入式系统在速度、体积和功耗上的要求，操作系统、应用软件、特殊数据等需要长期保存的数据，通常不使用磁盘这类具有大容量但速度较慢的存储介质，而大多使用 SRAM、EEPROM 或闪存（Flash Memory）。嵌入式系统还可以通过内存地址空间映射技术，扩展类似内存的部件，如网络芯片、USB 芯片、A/D 模块、D/A 模块等。A/D 模块、D/A 模块主要用于测控领域，在通用计算机中很少使用。另外，为了对嵌入式处理器进行程序下载和调试，处理器芯片普遍内置了 JTAG（Joint Test Action Group）接口，可以控制芯片的运行并获取内部信息。

典型的嵌入式最小系统硬件结构如图 1-14 所示，由嵌入式处理器、存储器、电源、调试接口、I/O 扩展模块、外围硬件等组成。

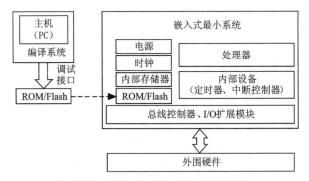

图 1-14 嵌入式最小系统硬件结构图

二、嵌入式系统软件

嵌入式系统的软件是面向嵌入式系统特定的硬件体系和用户要求而设计的，是嵌入式系统的重要组成部分，是实现嵌入式系统功能的关键。嵌入式系统软件分成应用软件层、操作系统层和中间层（图 1-15）。

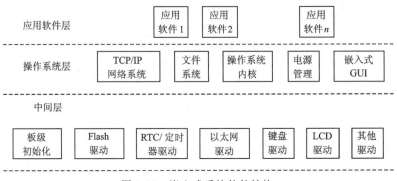

图 1-15 嵌入式系统软件结构

嵌入式应用软件是针对特定应用领域，用来实现用户预期目标的软件。嵌入式应用软件和普通应用软件有一定的区别，它不仅要求在准确性、安全性和稳定性等方面能够满足实际应用的需要，而且还要尽可能地进行优化，以减少对系统资源的消耗，降低硬件成本，因此专业性较强。

中间层也称为硬件抽象层（Hardware Abstraction Layer，HAL）或板级支持包（Board Support Package，BSP）。中间层将应用软件与底层硬件分离开来，使系统的底层驱动程序与硬件无关。应用软件开发人员无需关心底层硬件的具体情况，通过中间层提供的接口即可进行开发。该层一般包含相关底层硬件的初始化、数据的输入/输出操作和硬件设备的配置功能。中间层具有以下两个特点：

(1) 硬件相关性。因为嵌入式系统的硬件环境具有硬件相关性，而中间层作为上层软件与硬件平台之间的桥梁，需要为操作系统提供操作和控制具体硬件的方法。

(2) 操作系统相关性。不同的操作系统具有各自的软件层次结构，因此，不同的操作系统具有特定的硬件接口形式。

实际上，中间层是一个介于操作系统和底层硬件之间的软件层次，包括了系统中大部分与硬件联系紧密的软件模块。中间层的引入具有以下好处：

(1) 中间层直接向操作系统提供底层硬件信息，并根据操作系统的要求完成对硬件的直接操作，提升了系统的实用性和可操作性，以及硬件的多样性和通用性。

(2) 由于中间层的引入，操作系统不再直面具体的硬件环境，而是面对中间层所代表的逻辑上的硬件环境，降低了操作系统与底层硬件的耦合性，从而实现嵌入式操作系统的可移植性和跨平台性。

第三节　嵌入式处理器

一、嵌入式处理器典型架构

嵌入式处理器的典型架构主要有冯·诺依曼结构和哈佛结构两种。

（一）冯·诺依曼结构

冯·诺依曼结构（图1-16）是一种将程序（指令）存储器和数据存储器合并在一起进行统一编址的体系结构，程序（指令）存储器地址和数据存储器地址指向同一个存储器的不同物理位置，因此程序（指令）和数据的宽度相同。由于冯·诺依曼结构中取指令和存取数据要访问同一个存储空间，而且由同一总线传输，所以它们无法重叠执行，只有完成一个再执行下一个。这种指令和数据共享同一总线的结构，使得信息流的传输成为限制计算机性能的瓶颈，影响了数据处理速度的提高。

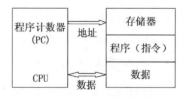

图1-16　冯·诺依曼结构

早期的微处理器大多采用冯·诺依曼结构,典型代表是 Intel 公司的 X86 微处理器。目前使用冯·诺依曼结构的中央处理器和微处理器仍很多,如 Intel 公司的部分处理器、ARM 公司的 ARM7 处理器、MIPS 公司的处理器等。

(二)哈佛结构

哈佛结构是一种将程序(指令)存储和数据存储分开的存储器结构(图 1-17)。哈佛结构的微处理器通常具有较高的执行效率,其程序(指令)和数据是分开组织和存储的,在指令执行时可以预先读取下一条指令。由于程序(指令)存储和数据存储分开,指令和数据可以有不同的宽度,如 Microchip 公司 PIC16 芯片的程序指令宽度是 14 位,而数据宽度是 8 位。

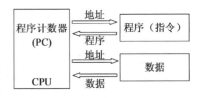

图 1-17　哈佛结构

由于哈佛结构取指令和存取数据分别经由不同的总线,使得各条指令可以重叠执行,也就克服了数据流传输的瓶颈,提高了运算速度。在嵌入式应用中,系统要执行的任务相对单一,程序一般固化在硬件里,而且嵌入式计算机很多应用场合都是无人操作的,所以对于指令和代码的存储位置要求比较严格,不允许出现代码和指令的混乱,哈佛结构指令和数据分开存储,正好符合了可靠性的要求。

目前使用哈佛结构的处理器和微控制器的芯片有很多,如 Microchip 公司的 PIC 系列,摩托罗拉公司的 MC68 系列,Zilog 公司的 Z8 系列,ATMEL 公司的 AVR 系列,以及 ARM 公司的 ARM9、ARM10 和 ARM11 等。

二、嵌入式微处理器

嵌入式微处理器是由通用计算机中的 CPU 演变而来的。它的特征是具有 32 位以上的处理器,具有较高的性能。与计算机处理器不同的是,嵌入式微处理器只保留与嵌入式应用紧密相关的功能硬件,去掉了其他的冗余功能部分,保证了嵌入式微处理器以最低的功耗和资源实现嵌入式应用的特殊要求。与工业控制计算机相比,嵌入式微处理器具有体积小、重量轻、成本低、可靠性高的优点。

嵌入式微处理器与通用 CPU 最大的不同在于嵌入式微处理器大多应用于为特定用户群所专门设计的系统中,它将通用 CPU 中许多由板卡完成的任务集成在芯片内部,从而有利于嵌入式系统在设计时趋于小型化,同时还具有很高的效率和可靠性。

嵌入式微处理器的体系结构可以采用冯·诺依曼结构或哈佛结构。指令系统可以选用精简指令系统(Reduced Instruction Set Computer,RISC)和复杂指令系统(Complex Instruction Set Computer,CISC)。RISC 计算机在通道中只包含最有用的指令,确保数据通道快速执行每一条指令,从而提高了执行效率并使 CPU 硬件结构设计变得更为简单。

典型的嵌入式微处理器有 ARM、PowerPC、MIPS、Am186/88、386EX、SC-400、68000、ARM/StrongARM 等数十种。这一类微处理器也是目前业界应用最广泛、市场空间大、技术最全面的主流处理器类型。处理器的主要性能指标如表 1-1 所示。

表 1-1 处理器的主要性能指标

指标	指标说明
功能	嵌入式处理器的功能主要取决于处理器所集成的存储器的种类和数量、外设接口种类和数量等。嵌入式处理器集成的外设越多、支持的总线越多则功能越强大,在设计硬件系统时需要扩展的器件就越少。所以,在选择嵌入式处理器时,应尽量选择已集成所需外设的处理器,这样既能节约总体成本,又能提高系统集成度和可靠性
字长	字长是指参与运算的数的基本位数,它决定了寄存器、运算器和数据总线的位数,因而直接影响硬件的复杂程度。处理器的字长越长,它所包含的信息就越多,表示的数值的有效位数也越多,计算精度也越高,数据吞吐量也越大。通常处理器可以有 1 位、4 位、8 位、16 位、32 位、64 位等不同的字长
处理速度	目前普遍采用单位时间内各类指令的平均执行条数来表示处理速度,即单字长定点指令平均执行速度(Million Instructions Per Second, MIPS),单位为百万条指令每秒。除了使用 MIPS 衡量处理速度,还可以有多种指标来表示处理器的执行速度,如 MFLOPS(每秒百万次浮点运算),这个指标一般用于衡量进行科学计算的处理器;主频又称时钟频率,单位为 MHz,它在一定程度上反映了处理器的运算速度;每条指令周期数(Cycles Per Instruction, CPI)即执行一条指令所需的周期数,该数值可从一定程度上表示 CPU 的执行速度,其值越小,CPU 的执行越快。在设计 RISC 芯片时一般尽量减少 CPI 值以提高处理器的运算速度
寻址能力	嵌入式处理器的寻址能力取决于处理器地址总线的数目。如 16 位地址总线的处理器寻址能力是 64kB,32 位地址总线的处理器的寻址能力是 4GB
功耗	嵌入式处理器通常给出几个功耗指标,如工作功耗、待机功耗等。功耗与工作频率之间的关系一般用功耗工作频率表示。部分嵌入式处理器会给出电源电压与功耗之间的关系,便于工程师设计时进行选择
温度	从工作温度方面考虑,嵌入式处理器通常可分为民用、工业用、军用、航天等几个温度级别。一般而言,民用的温度范围为 0~70℃,工业用的温度范围为 -40~85℃,军用的温度范围为 -55~125℃,航大的温度范围则更宽。选择嵌入式处理器时需要根据产品的应用场合选择相应的处理器芯片

三、嵌入式微控制器

嵌入式微控制器(Embedded Microcontroller Unit, EMCU),又称单片机,顾名思义,就是将整个计算机系统集成到一块芯片中。嵌入式微控制器一般以某一种微处理器内核为核心,芯片内部集成 ROM/EPRQM、RAM、总线、总线逻辑、定时/计数器、watchdog、I/O、串行口、脉宽调制输出、A/D、D/A、Flash、RAM、EEPROM 等各种必要功能和外设。为适应不同的应用需求,一般一个系列的单片机具有多种衍生产品,每种衍生产品的处理器内核都是一样的,不同的是存储器和外设的配置及封装,这样可以使单片机最大限度地与应用需求相匹配,从而减少功耗和成本。

四、嵌入式 DSP 处理器

嵌入式 DSP 处理器（Embedded Digital Signal Processor，EDSP）是一种非常擅长于高速实现各种数字信号处理运算（如数字滤波、频谱分析等）的嵌入式处理器。它在系统结构和指令算法方面经过特殊设计，因而具有很高的编译效率和指令执行速度。DSP 芯片内部采用程序和数据分开的哈佛结构，具有专门的硬件乘法器，广泛采用流水线操作，提供特殊的 DSP 指令，可以快速实现各种数字信号处理算法。

嵌入式 DSP 处理器比较有代表性的产品是 Texas Instruments 公司的 TMS320 系列和 Motorola 公司的 DSP56000 系列。TMS320 系列处理器包括用于控制的 C2000 系列，用于移动通信的 C5000 系列，以及性能更高的 C6000 和 C8000 系列。DSP56000 目前已经发展成为 DSP56000、DSP56100、DSP56200 和 DSP56300 等几个不同系列的处理器。另外，Philips 公司近年也推出了基于可重置嵌入式 DSP 结构，采用低成本、低功耗技术制造的 R. E. A. LDSP 处理器，特点是具备双哈佛结构和双乘/累加单元，应用目标是大批量消费类产品。

五、嵌入式 SoC

嵌入式 SoC 是指在嵌入式系统中广泛应用的、有专门应用范围的系统芯片。系统芯片是在单个芯片上集成一个完整的系统。所谓完整的系统一般包括中央处理器、存储器以及外围电路等。SoC 是与其他技术并行发展的，如绝缘硅（Silicon On Insulator，SOI），它可以增强时钟频率，从而降低微芯片的功耗。

第四节　嵌入式系统工程设计

一、系统设计的主要步骤

嵌入式系统设计一般分为 6 个阶段：系统需求分析、体系结构设计、硬件/软件协同设计、系统集成、系统测试和系统运行与维护（图 1-18）。各个阶段往往需要反复修改，直至完成最终设计目标。

1. 系统需求分析

确定设计任务与设计目标，撰写设计规格说明书，并将其作为设计指导与验收标准。系统的需求一般分为功能性需求和非功能性需求两个方面。功能性需求是系统的基本功能，如输入输出信号、操作方式等。非功能性需求包括系统性能、功耗、成本、重量、体积等。

2. 体系结构设计

体系结构设计描述了系统如何实现功能性和非功能性需求，包括系统的硬件、软件选型，嵌入式操作系统与开发环境的选择，以及对硬件、软件和执行装置的功能划分等。此步骤对整个设计过程来说是至关重要的，一个恰当的体系结构是设计成功的关键。

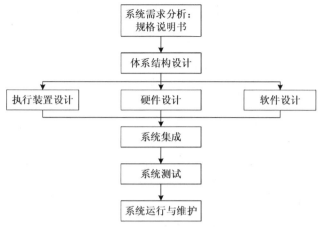

图 1-18　嵌入式系统工程设计步骤

3. 硬件/软件协同设计

基于体系结构，对系统的硬件、软件进行详细设计。为了缩短产品开发周期，可并行设计硬件与软件。硬件设计包括元器件的选择、原理图的绘制、印刷电路板设计及硬件的装配。软件设计主要完成引导程序的编制、操作系统的移植、驱动程序的开发及应用软件的编写。面向对象方法、软件组件技术、模块化设计是现代软件工程设计中常采用的方法。

4. 系统集成

将已测试成功的软件系统结合到硬件系统中，对两者进行综合测试，发现并改进单元设计过程中的错误。

5. 系统测试

对最终完成的系统性能进行测试，验证其是否满足规格说明书中的各项性能指标和功能要求。若满足，则可将正确的软件固化在目标硬件中；若不满足，则需重新检查系统的设计，查找问题所在，修正错误。

6. 系统运行与维护

系统运行是指系统开发者将经过测试的产品提供给用户，用户对该系统产品进行正常使用。系统维护是当用户使用的产品在运行过程中出现问题需要处理时，系统开发者为用户提供的一种技术支持，帮助用户修复问题。

二、传统的嵌入式系统设计方法

传统的嵌入式系统设计方法中，硬件和软件分为两个独立的部分，由硬件工程师和软件工程师按照拟定的设计流程分别完成。这种设计方法的设计空间有限，不便于对系统做出较好的综合性能优化，只能单独改善硬件、软件的性能。目前，这种传统的设计方法已不能满足专用系统设计需求。

传统的嵌入式系统开发采用软件开发与硬件开发分离的方式，其设计方法如图1-19所示，过程为：①进行需求分析；②对软、硬件系统分别设计、开发；③实现系统集成；④对系统

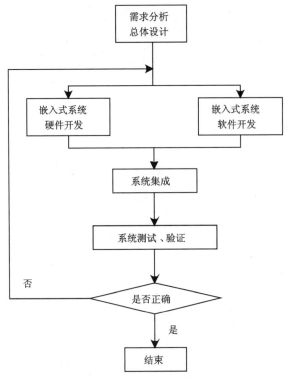

图 1-19 传统的嵌入式系统设计方法

进行集成测试;⑤若系统正确,则结束;⑥若出现错误,需要对软、硬件分别进行验证和修改;⑦返回系统集成,继续进行集成测试。

虽然在系统设计的初始阶段考虑了软、硬件的接口问题,但由于对软、硬件进行的是单独开发,所以对各部分的修改以及各自的缺陷很容易导致系统在进行集成时出现错误。由于设计方法的限制,这些错误不仅难以定位,而且对它们的修改往往涉及整个软件结构或硬件配置。显然,这样的错误对系统设计来说是灾难性的。

三、新型嵌入式系统设计方法

为避免上述问题,一种新的开发方法应运而生,即软、硬件协同设计方法。典型的软、硬件协同设计方法如图 1-20 所示。

软、硬件协同设计过程大致可归纳为以下几个步骤:①需求分析;②功能划分;③软、硬件系统协同设计;④软、硬件实现;⑤软件仿真、硬件测试;⑥软、硬件协同调试和验证。

这种方法在协同设计、协同测试和协同验证方面,充分考虑了软件与硬件间的关系,并在设计的每个层次上都进行了测试与验证,尽早地发现并解决了出现的问题,从而避免灾难性错误的出现。

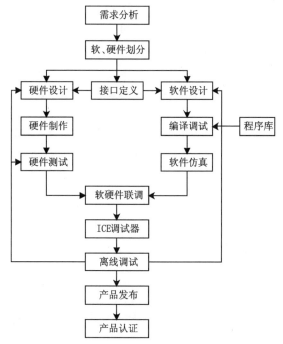

图 1-20 嵌入式系统软、硬件协同设计方法

第五节 小 结

本章依序从嵌入式系统简介、嵌入式系统的组成、嵌入式处理器及嵌入式系统工程设计 4 部分对嵌入式系统进行了讲解分析。

第一节嵌入式系统简介主要从嵌入式系统的定义、典型产品、分类及发展趋势 4 个方面对嵌入式系统做了较为全面的介绍。本节的学习有助于初学者对嵌入式系统形成一个宏观意义上的认知。第二节主要介绍了嵌入式系统的结构，包括其硬件、软件两部分。第三节从嵌入式处理器典型架构、嵌入式微处理器、嵌入式微控制器、嵌入式 DSP 处理器、嵌入式 SoC 等几个方面进行了简单介绍，为后续章节的学习打下了一定的基础。在对嵌入式系统有了一定的了解与认知后，读者即可尝试进行简单的嵌入式系统设计。第四节主要讲述了如何设计嵌入式系统工程，即嵌入式系统设计的具体流程。

习题与思考

(1) 简述什么是嵌入式系统。
(2) 简述嵌入式系统的发展历史及其特点。
(3) 嵌入式系统与通用计算机系统有何区别？

(4)嵌入式系统的应用领域有哪些?
(5)简述嵌入式系统的组成以及各组成部分间的联系。
(6)什么是冯·诺依曼结构?什么是哈佛结构?各有什么特点?
(7)如何设计简单的嵌入式系统工程?
(8)你身边的哪些日常产品使用到了嵌入式系统?

第二章　嵌入式系统基本原理

嵌入式系统早在 20 世纪 60 年代,就被用于对电话交换进行控制,当时被称为存储式过程控制系统(Stored Program Control System)。直至 20 世纪 70 年代才出现真正意义上的嵌入式系统,发展至今,大致经历了 4 个发展阶段。

第一阶段:无操作系统阶段。嵌入式系统最初的应用是基于单片机的,大多以可编程控制器的形式出现,具有监测、伺服、设备指示等功能。通常应用于各类专业性极强的工业控制系统和飞机、导弹等武器装备中,一般没有操作系统的支持,只能通过汇编语言对系统进行直接控制,运行结束后再清除内存。1971 年,Intel 公司首先开发出了第一片 4 位微处理器 4004,主要用于家用电器、计算器、高级玩具中。4004 的问世标志着嵌入式系统的诞生。这些装置虽然已经初步具备了嵌入式的应用特点,但仅仅只是使用 4 位或者 8 位的 CPU 芯片来执行一些单线程的程序。

这一阶段嵌入式系统的主要特点是:系统结构和功能相对单一,处理效率较低,存储容量较小,几乎没有用户接口。这种嵌入式系统由于使用简便、价格低廉,曾经在工业控制领域中得到了非常广泛的应用,但却无法满足现今对执行效率、存储容量都有较高要求的信息家电等场合的需求。

第二阶段:以嵌入式中央处理器为基础,以简单操作系统为核心的嵌入式系统。20 世纪 80 年代,随着微电子工艺水平的提高,IC 制造商开始把嵌入式应用中所需要的微处理器、I/O 接口、串行接口,以及 RAM、ROM 等部件集成到一片 VLSI(超大规模集成电路)中,制造面向 I/O 设计的微控制器,并一举成为嵌入式系统领域中异军突起的新秀。与此同时,嵌入式系统的程序员也开始基于一些简单的"操作系统"开发嵌入式应用软件,大大缩短了开发周期,提高了开发效率。

这一阶段嵌入式系统的主要特点是:出现了大量高可靠、低功耗的嵌入式 CPU(如 PowerPC 等),各种简单的嵌入式操作系统开始出现并得到迅速发展。此时的嵌入式操作系统虽然比较简单,但已经初步具有了一定的兼容性和扩展性,内核精巧且效率高,主要用来控制系统负载,以及监控应用程序的运行。

第三阶段:以嵌入式实时操作系统为标志的嵌入式系统。20 世纪 90 年代,在分布控制、柔性制造、数字化通信和信息家电等巨大需求的引导下,嵌入式系统进一步飞速发展,而面向实时信号处理算法的 DSP 产品则向着高速度、高精度、低功耗的方向发展。随着硬件实时性要求的提高,嵌入式系统的软件规模也不断扩大,逐渐形成了实时多任务操作系统,并开始成为嵌入式系统的主流。

这一阶段嵌入式系统的主要特点是:操作系统的实时性得到了很大改善,已经能够运行在各种不同类型的微处理器上,具有高度的模块化特点和良好的扩展性。此时的嵌入式操作系统内核精小、效率高,支持多任务处理、网络操作,具有文件和目录管理、图形用户界面(GUI)等功能,并提供了大量的应用程序接口(API),开发程序简单并且嵌入式应用软件丰富,从而使得应用软件的开发变得更加简单。

第四阶段:以基于网络操作为标志的嵌入式系统,这是一个正在迅速发展的阶段。21世纪是一个网络的时代,嵌入式系统在网络环境中的应用也越来越多,随着互联网的进一步发展,以及互联网技术与信息家电、工业控制技术等日益紧密的结合,嵌入式设备与互联网的结合才是嵌入式技术的真正未来。

随着现代社会与经济的快速发展,嵌入式技术在当今的应用也越来越广泛。互联网的普及、GPS的广泛应用、无线网络的应用(如 ZigBee、5G 通信技术)等,这些都为嵌入式设备在智能化、数字化、信息网络化提供了强有力的保证。

第一节　嵌入式系统硬件组成

嵌入式系统硬件部分主要由微处理器(内含外围接口电路)、电源电路、存储器、watchdog 及复位电路、人机交互和其他 I/O 接口电路组成。

嵌入式系统硬件结构是以嵌入式处理器为核心的,集成度高。一些基本设备如 GPIO(通用型输入输出口)、定时器、中断控制器,通常集成在处理器中,部分嵌入式处理器包含内存,可以不需要总线扩展内存就可以组成系统。

嵌入式系统的基本硬件结构如图 2-1 所示。

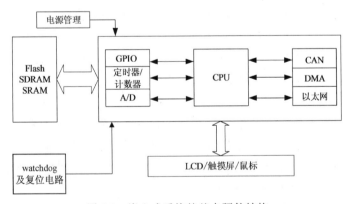

图 2-1　嵌入式系统的基本硬件结构

总的来说,嵌入式系统的本质就是计算机系统。通用计算机系统需要支持大量的、需求多样的应用程序,而嵌入式系统要求智能化控制的能力,所以嵌入式系统具有集成度高、非标准化、接口复杂等特点。在使用时,应该优先选择最合适的微处理器,再通过外部扩展电路来组成一个系统。嵌入式系统硬件结构的多样性和复杂性也决定了嵌入式系统适用于多种复杂且集成度高的专用性应用。因此,在设计嵌入式系统时,需要优先考虑硬件是否满足性能要求,同时又要满足经济性和实用性等要求。

第二节 ARM 体系结构

一、ARM 简介

ARM(Advanced RISC Machines)既是一个公司的名字,也是对一类微处理器的通称。1991 年,ARM 公司成立于英国剑桥,专门从事基于 RISC 技术芯片的设计开发。到目前为止,ARM 微处理器及技术的应用已经深入到国民经济的各个领域,全世界有几十家半导体公司使用 ARM 公司的授权,ARM 公司已经成为移动通信、多媒体等领域嵌入式解决方案的 RISC 标准。目前嵌入式处理器除了 ARM 外,常见的还有 Power PC、MIPS、ColdFire 等,但 ARM 占据了绝对主流。

ARM 体系结构设计的总体思想是在不牺牲性能的同时,尽量简化处理器,同时从体系结构的层面上灵活支持处理器的扩展。这种简化和开放的思路使得 ARM 处理器采用了很简单的结构来实现。

体系结构也可以称为系统结构,它是程序员在为特定处理器编制程序时所用到的硬件与软件资源,以及它们相互间的连接关系。体系结构最重要的就是处理器所提供的指令系统和寄存器组。指令系统分为复杂指令集计算机(CISC)和精简指令集计算机(RISC)。其中,嵌入式系统中 CPU 一般是 RISC 结构。

ARM 采用 RISC 结构,在简化处理器的结构、减少复杂功能指令的同时,提高了处理器的速度。ARM 体系结构考虑到处理器读取存储器的指令时间远远大于在寄存器内操作的指令执行时间,RISC 型处理器采用了 Load/Store(加载/存储)结构,即只有 Load/Store 指令能够读取存储器,其他指令不允许进行存储器操作。同时,为了进一步提高指令和数据的存取速度,RISC 型处理器增加了指令高速缓存和数据高速缓存及多处理器结构,使指令操作尽可能在寄存器之间进行。

嵌入式系统多数使用 RISC 结构,其原因主要是:①在相同的集成规模下,RISC 的 CPU 核在芯片上占用的面积要小得多;②有利于减小芯片的尺寸和降低功耗(有利于散热);③结构简单,开发成本低;④对于实时应用,RISC 指令具有均匀划一且较小的执行长度,因此有利于中断延迟的可预测性,并且有利于缩短中断延迟。

表 2-1 列出了 RISC 结构与 CISC 结构的区别。

表 2-1　CISC 结构与 RISC 结构的区别

类别	CISC	RISC
指令系统	指令数量多	较少,通常少于 100
执行时间	有些指令执行时间很长,如整块的存储器内容拷贝,或将多个寄存器的内容拷贝到存储区	没有较长执行时间的指令
编码长度	编码长度可变,1～15 字节	编码长度固定,通常为 4 字节
寻址方式	寻址方式多样	寻址方式简单
操作	可以对存储器和寄存器进行算术和逻辑操作	只能对寄存器进行算术和逻辑操作
编译	难以用优化编译器生成高效的目标代码程序	采用优化编译技术,生成高效的目标代码程序

ARM 体系结构支持多处理状态模式。ARM 微处理器具有以下特点:

(1)低功耗,低成本,高性能。①采用 RISC 指令集;②支持 ARM/Thumb 指令;③3/5 流水线。

(2)采用 RISC 体系结构。①固定长度的指令格式,指令规整、简单;②使用单周期指令,便于流水线操作执行;③大量使用寄存器,数据处理指令只对寄存器进行操作,只有加载/存储指令可以访问存储器,以提高指令的执行效率。

(3)大量使用寄存器。ARM 处理器共有 37 个寄存器,均为 32 位。这些寄存器包括 31 个通用寄存器和 6 个状态寄存器,用于标识 CPU 的工作状态及程序的运行状态。

(4)高效的指令系统。①ARM 微处理器支持两种指令集,即 ARM 指令集和 Thumb 指令集;②ARM 指令集为 32 位长度,Thumb 指令集为 16 位长度。Thumb 指令集为 ARM 指令集的功能子集,但与功能相同的 ARM 代码相比较,可节省 30%～40%的存储空间,同时具备 32 位代码的所有优点。

(5)其他技术。①ARM 体系结构还采用了一些独特的技术,在保证高性能的前提下尽量缩小芯片的面积并降低功耗。②所有的指令集都可根据前面的执行结果决定是否被执行,从而提高指令的执行效率:a.可用加载/存储指令批量传输数据,以提高数据的传输效率;b.可在一条数据处理指令中同时完成逻辑处理和移位处理;c.在循环处理中使用地址的自动增减来提高运行效率。

基本的 ARM 体系结构如图 2-2 所示。

二、ARM 内核版本

ARM 是一种 RISC MPU/MCU 的体系结构,ARM 体系结构为满足 ARM 合作者已经涉及领域的一般需求正在稳步发展。每一次 ARM 体系结构的重大修改,都会添加极为关键的技术。在体系结构作重大修改的期间,会添加新的性能作为体系结构的变体。

下面列出 ARM 的内核版本及关键字。

(1)V1 版本。V1 版本在 ARM1 中使用,但没有在商业产品中使用。V1 版本是 26 位

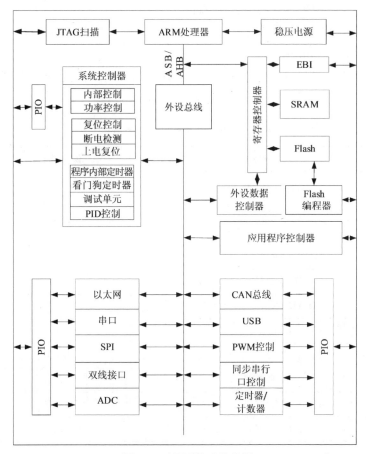

图 2-2 ARM 体系结构图

寻址空间,其主要指令有:①基本的数据处理指令(无乘法指令);②字、字节和半字节存储器访问指令;③分支指令;④软件中断指令。

(2) V2 版本。①增加了乘法、乘加法指令;②支持协处理器的指令;③FIQ 模式,提供额外的两个备份寄存器;④SWP 和 SWPB 指令;⑤交换式加载/存储指令。

(3) V3 版本。①32 位寻址范围,但兼容 26 位寻址;②T 变种,增加 Thumb 状态,16 位指令;③M 变种,支持长乘法。这一性质已经变成 V4 版本结构的标准配置。

(4) V4 版本。①不再支持 26 位寻址,仅支持 32 位寻址;②加入半字的读取和写入等存储操作;③读取带符号的字节和半字数据;④加入了对调试(debug)的支持;⑤嵌入 ICE(In-Circuit-Emulation)。

(5) V5 版本。①提高 T 变种中 ARM/Thumb 混合使用的效率;②对于 T 变种或非 T 变种的指令使用相同的代码生成技术;③增加了前导零计数指令;④增加了软件断点指令;⑤DSP 指令支持;⑥Java 指令支持。

(6) V6 版本。①增加了媒体指令(为音频/视频处理在内的应用系统提供了优化功能);②大大降低耗电量的同时,强化图形处理性能;③支持多微处理器内核。

(7) V7 版本。①支持高级单指令多数据流技术;②支持矢量浮点运算 VFP3.0;③配置

32个64位寄存器;④支持1TB物理地址空间。

(8)V8版本。①使用64位的通用寄存器,支持64位处理和扩展的虚拟寻址;②支持3种指令集,即ARM、Thumb和A64指令集。

表2-2列出了部分ARM核与体系结构的关系。ARM公司在经典处理器ARM11以后的产品改用Cortex命名,并且是基于V7版本以上的体系结构。

表2-2 ARM核与体系结构的关系

ARM核	体系结构
ARM1	V1
ARM2	V2
ARM2As,ARM3	V2a
ARM6,ARM600,ARM610	V3
ARM7,ARM700,ARM710	V3
ARM7TDMI,ARM710T	V4T
ARM8,ARM810	V4
ARM9TDMI,ARM920T	V4T
ARM9E-S	V5TE
ARM10TDMI,ARM1020E	V5TE
ARM11,ARM1156T-S	V6

三、Cortex处理器

ARM微处理器包括的系列有:ARM7系列、ARM9系列、ARM9E系列、ARM10E系列、ARM11系列、SecurCore系列、ARM Cortex系列。其中ARM7系列、ARM9系列、ARM9E系列、ARM10E系列和ARM11系列为5个通用处理器系列,每一个系列提供一套独特的性能来满足不同领域的需求;SecurCore系列专门为安全要求较高的应用而设计;ARM Cortex系列为各种不同性能要求的应用提供了一整套完整的优化解决方案。

Cortex是ARM公司一个系列处理器的名称。比如英特尔旗下的处理器有酷睿、奔腾、赛扬。ARM在最初的处理器型号都用数字命名,最后一个是ARM11系列,在应用ARM V7架构后,推出了Cortex这一系列。ARM Cortex系列发布于2005年,ARM Cortex系列的3款产品全部集成Thumb-2指令集,可满足不同的市场需求。

现将ARM Cortex系列的3款处理器作如下介绍。

(1)ARM Cortex-A(A=Application)系列是面向高端应用的处理器。该系列应用型处理器可向OS平台和用户应用程序的设备提供全方位的解决方案,从超低成本手机、智能手机、移动计算平台、数字电视和机顶盒到企业网络、打印机和服务器解决方案。高性能的Cortex-A15、可伸缩的Cortex-A9、经过市场验证的Cortex-A8处理器和高效的Cortex-A7、

Cortex-A5 处理器均共享同一架构,因此具有完全的应用兼容性,支持传统的 ARM、Thumb 指令集和新增的高性能紧凑型 Thumb-2 指令集。

(2) ARM Cortex-R(R=Real Time)系列是面向实时控制应用的处理器。ARM Cortex-R 实时处理器为要求高可靠性、高可用性、容错功能、可维护性和实时响应的嵌入式系统提供高性能计算解决方案。Cortex-R 系列处理器通过成熟技术提供极快的上市速度,并利用广泛的 ARM 生态系统、全球和本地语言以及全天候的支持服务,保证快速、低风险的产品开发。

许多应用都需要 Cortex-R 系列的关键特性:①高性能,与高时钟频率相结合的快速处理能力;②实时,处理能力在所有场合都符合硬实时限制;③安全,具有高容错能力的可靠且可信的系统;④经济实惠,可实现最佳性能、功耗和面积的功能。

(3) ARM Cortex-M(M=Microcontroller)系列是面向微控制器的处理器。ARM Cortex-M 处理器系列是一系列可向上兼容的高能效、易于使用的处理器,这些处理器旨在帮助开发人员满足未来的嵌入式应用的需要。这些需要包括以更低的成本提供更多功能,不断增加连接,改善代码重用和提高能效。Cortex-M 系列主要针对成本和功耗敏感的 MCU 及终端应用(如智能测量、人机接口设备、汽车和工业控制系统、大型家用电器、消费性产品、医疗器械等)的混合信号设备进行优化。表 2-3 展示了 ARM Cortex 不同版本的各种应用。

表 2-3 ARM Cortex 不同版本的各种应用

型号	ARM Cortex-A	ARM Cortex-R	ARM Cortex-M
名称含义	先进的	实时的	微处理器
优点	最佳功耗实现最高性能	实时任务处理	最节能的嵌入式设备
应用领域	工业检测、存储设备、医学设备、调制解调器	汽车、相机、工业设备、国防科技	智能设备、能源网、穿戴设备

第三节 嵌入式操作系统

一、嵌入式操作系统的作用分类

操作系统是软、硬件资源的控制中心,它以尽量合理有效的方法组织多个用户共享计算机资源,提供一台功能强大的虚拟机,给用户一个方便、有效、安全的工作环境。操作系统主要分为:

(1)顺序执行系统。系统内只有一个程序,独占 CPU 的时间,按语句顺序执行程序,直到执行完毕才能开始下一个程序,如 DOS 操作系统。

(2)分时操作系统。系统内同时可以有多个程序运行,把 CPU 的时间按顺序分成若干片,每一片时间片执行不同的程序,如 UNIX 操作系统。

（3）实时操作系统。系统内有多个程序运行，每个程序有不同的优先级，只有优先级最高的程序才能占有 CPU 的控制权。嵌入式系统一般使用实时操作系统。实时操作系统对响应时间有严格要求，对逻辑和时序的要求严格。实时操作系统又具体分为硬实时系统和软实时系统。硬实时系统不仅要求严格的响应时间，也要求在对应时间完成任务的处理；软实时系统仅要求事件响应是实时的。

实时操作系统的首要任务是调度一切可利用的资源来完成实时任务，其次才着眼于提高系统的使用效率满足对时间的限制和要求。它负责管理硬件与软件资源，同时也是嵌入式系统的内核与基石。操作系统需要处理如管理与配置内存、决定系统资源供需的优先次序、控制输入与输出设备、操作网络与管理文件系统等基本事务。

嵌入式操作系统具有操作系统进程调度、内存管理、设备管理、文件管理、中断管理、系统功能接口（如 API 调用）、设备驱动等最基本的功能，其特点为系统可裁剪、可配置，具有实时性且稳定、可靠。

从嵌入式系统的应用来分类，可分为低端设备和高端设备的嵌入式操作系统。前者主要用于各种工业控制系统、计算机外设和一些家用电器等；后者主要用于信息化家电、掌上电脑和智能手机等。

二、典型嵌入式操作系统

1. VxWorks

VxWorks 操作系统是美国风河系统公司于 1983 年设计开发的一种嵌入式实时操作系统，具有良好的持续发展能力、高性能的内核及友好的用户开发环境。它以良好的可靠性和卓越的实时性被广泛地应用在通信、军事、航空、航天等高精尖技术领域中，如卫星通信、军事演习、弹道制导、飞机导航等。同时它也支持多种处理器，如 x86、i960、Sun Sparc、Power-PC 等。VxWorks 既是一个操作系统，又是一个可以运行的最小基本程序；自有板级支持包，可以减小驱动程序的编写过程；具有强大的调试能力，可以在没有仿真器的情况下，通过串口调试；具有软件 DEBUG 功能，可以对软件部分进行模拟调试，具有丰富的函数库。同时 VxWorks 还自带 TCP/IP 协议栈。

2. Windows CE

Windows CE 是微软公司针对个人计算机以外的计算机产品研发的嵌入式操作系统。该操作系统是一种针对小容量、移动式、智能化、32 位、连接设备的模块化实时嵌入式操作系统。针对掌上设备、无线设备的动态应用程序和服务提供了一种功能丰富的操作系统平台。

Windows CE 是将条码扫描装置与数据终端一体化，带有电池可离线操作的终端电脑设备。它具备实时采集、自动存储、即时显示、即时反馈、自动处理、自动传输等功能，为现场数据的真实性、有效性、实时性、可用性提供了保证。它具有一体性、机动性、体积小、重量轻、高性能、适于手持等特点，主要应用于工业数据采集中，由 Windows CE 硬件设备和 Windows CE 中运行的采集端软件两个部分组成。该操作系统与 Windows 有相似的背景，界面较统一,因此得到了广泛应用。

3. UNIX 操作系统

UNIX 操作系统于 1971 年诞生于美国电话电报公司的贝尔实验室,它支持多用户和多任务,网络和数据库功能强大,是一个强大的多用户、多任务操作系统,支持多种处理器架构。只有符合单一 UNIX 规范的 UNIX 系统才能使用 UNIX 这个名称,否则只能称为类 UNIX(UNIX-like)。

UNIX 作为主流的操作系统,多年来不断演化,派生出许多相似或同源的操作系统,如 Linux、IOS 等,逐渐形成了一个产品大家族。

4. 嵌入式 Linux

Linux 操作系统于 1991 年由林纳斯·托瓦兹开发。在后来的两年中,Linux 日臻完善,但林纳斯并没有把 Linux 作为商品出售,他在自由软件联盟申请了通用公共许可证(GPL),使 Linux 内核成为一个完全自由的软件。根据 GPL 协议的规定,任何人可以对 Linux 进行复制、修改和再发布。

Linux 的基本思想有两点:第一,一切都是文件,详细来讲就是系统中的所有都归结为一个文件。命令、硬件和软件设备、操作系统、进程等对于操作系统内核而言,都被视为拥有各自特性或类型的文件。第二,每个软件都有确定的用途。

Linux 的内核小,功能强大,运行稳定,系统效率高,易于定制和裁剪,十分具有竞争力。Linux 不仅支持 x86 CPU,还支持多种 CPU。

Android 就是 Linux 的一个典型应用。

5. Android

Android 是一种基于 Linux 的操作系统,由 Google(谷歌)公司和开放手机联盟(Open Handset Alliance)领导及开发,主要用于移动设备,如智能手机和平板电脑等。Android 操作系统最初由安迪鲁宾(Andy Rubin)开发,主要支持手机。2005 年 8 月由 Google 收购注资。2007 年 11 月,Google 与 84 家硬件制造商、软件开发商及电信营运商组建开放手机联盟共同研发改良 Android 系统。随后 Google 以 Apache 开源许可证的授权方式,发布了 Android 系统的源代码。第一部 Android 智能手机发布于 2008 年 10 月。随后,Android 系统逐渐扩展到平板电脑及其他领域,如电视、数码相机、游戏机、智能手表等。Android 系统自带的应用程序通常包含有电子邮件程序、短信程序、日历、地图、浏览器、通信录程序等,所有的应用程序都由 Java 语言编写。

Android 系统所用的 Linux 核心,包含的功能主要有:安全(Security)、内存管理(Memory Management)、进程管理(Process Management)、网络堆栈(Network stack)、驱动程序模型(Driver Model)等。

Android 开发四大组件分别是:①活动(Activity),用于表现功能;②服务(Service),后台运行服务,不提供界面呈现;③广播接收器(Broad Cast Receiver),用于接收广播;④内容提供器(Content Provider),支持在多个应用中存储和读取数据。

6. 嵌入式实时内核 µC/OS

µC/OS 和 Linux 一样,是一款公开源代码的免费实时内核,具有 RTOS 的基本性能,其代码尺寸小、结构简明、易学、易移植。

µC/OS 提供了完整的嵌入式实时内核的源代码,并对代码做出了详细的解释。µC/OS 可以在绝大多数 8 位至 64 位微处理器、微控制器和数字信号处理器上运行,目前已经在各个领域得到了广泛的应用。

7. IOS 操作系统

IOS 是苹果公司开发的操作系统,原名 iPhone OS,于 2007 年发布第一版,用于 iPhone 智能手机。随后,该系统陆续应用于 iPod touch 移动互联网终端、iPad 平板电脑及 Apple TV 高清电视机顶盒等设备,并于 2010 年改名为 IOS。

IOS 平台的许多开发工具和开发技术源自苹果公司为 Mac 系列桌面和便携计算机产品开发的 MacOS 操作系统。IOS 与 MacOS 一样,都是以类 UNIX 的 Darwin 开源操作系统为基础的,因此 IOS 也属于类 UNIX 的商业操作系统。与 Android 及 Windows phone 平台不同,IOS 系统由苹果公司独有,并且不支持非苹果公司的硬件装置。

第四节 小 结

本章重点介绍了嵌入式系统的硬件、软件和 ARM 处理器。

第一节介绍了嵌入式系统的硬件部分,它由微处理器(内含外围接口电路)、电源电路、存储器、watchdog 及复位电路、人机交互和其他 I/O 接口电路组成。第二节介绍了典型的 ARM 处理器。ARM 采用 RISC 结构,在简化处理器的结构、减少复杂功能指令的同时,提高了处理器的速度。ARM 到现在已经有 8 次重大修改,到目前为止基于 ARM V1、ARM V2、ARM V3 架构的处理器比较少见。ARM 处理器主要分为经典 ARM 处理器、ARM Cortex-A、ARM Cortex-R、ARM Cortex-M 4 类。第三节介绍了嵌入式操作系统的作用和分类,以及常见的嵌入式操作系统。嵌入式操作系统一般使用实时操作系统,系统具有可裁剪、可配置、具有实时性、稳定、可靠等特点。典型嵌入式操作系统有 VxWorks、Windows CE、UNIX 操作系统、µC/OS 等。

习题与思考

(1)嵌入式硬件和软件部分分别由什么组成?
(2)比较嵌入式系统和通用计算机系统的区别。

(3)什么是硬实时操作系统？什么是软实时操作系统？
(4)ARM 的含义是什么？
(5)ARM 处理器支持的数据类型有哪些？
(6)ARM 的指令集有哪些？

第三章 Android 嵌入式开发入门

第一节 Android 简介

目前，Android 已经成为最流行的智能手机操作系统，全球 Android 手机系统的市场份额超过了 85%。除了手机之外，Android 在嵌入式应用中也大有用武之地。当前大部分的嵌入式设备具有很多相同的属性，如小尺寸液晶显示屏/触摸屏、丰富的图形用户界面、低功耗处理器、丰富的连接选项（蜂窝、无线、蓝牙等）、电池供电等。Android 是一款完整的操作系统和应用框架，其设计基于 ARM 处理器，内核使用的是 Linux。为了将其搭建成一款用于快速开发的完整框架，Google 从多个方面对其进行了升级和扩展。Android 是一款经过彻底调试的系统，由于其开放性，目前已有海量支持 Android 的应用程序，其中有很多程序可以简化和加速开发过程。

在仪器系统中，上位机软件作为一个非常重要的组成部分，承担着将操作人员的简单点击、输入动作转换为控制信号的重要任务。PC 机（个人计算机）在野外工作时不便于携带，若长时间工作，还需要极其笨重的电源为其供电，而专用的手持设备由于用户面较窄，往往售价昂贵，且损坏后不易维修。Android 设备体积小、功耗低、外设和接口丰富、便携性好，适合开发小型仪器。在智能手机高度普及的今天，使用 Android 移动设备对仪器进行远程控制的解决方案，可以让用户快速熟悉操作方法和操作流程，实现对仪器的高度灵活的控制。另外，Android 设备软件的开发环境和开发方法都已经成熟，为开发人员也提供了极大的便利。

一、Android 发展历程

Android，也叫安卓。它的本义指机器人，是 Google 于 2007 年 11 月 5 日宣布的基于 Linux 平台的开源手机操作系统的名称。Android 经过了多次版本更新，至现在已发行到 Android 11 版本。本书所使用的 Android 开发平台版本为 Android 4.4(KitKat)版本。

（一）Android 演变过程中的重要事件

2003 年 10 月，Andy Rubin 等创建 Android 公司，并组建 Android 团队。

2005 年 8 月 17 日，Google 收购了成立仅 22 个月的高科技企业 Android 及其团队。Andy Rubin 成为 Google 公司工程部副总裁，继续负责 Android 项目。

2007 年 11 月 5 日，Google 公司正式向外界展示了这款名为 Android 的操作系统，并且在这天宣布建立一个全球性的联盟组织——开放手机联盟来共同研发改良 Android 系统。该联盟将支持 Google 发布的手机操作系统以及应用软件,Google 以 Apache 免费开源许可证的授权方式,发布了 Android 的源代码。

2008 年 8 月 18 日,Android 获得了美国联邦通信委员会(FCC)的批准。2008 年 9 月,谷歌正式发布了 Android 1.0 系统,这也是 Android 系统最早的版本。

2009 年 4 月,谷歌正式推出了 Android 1.5 版本,从 Android 1.5 版本开始,谷歌开始将 Android 的版本以甜品的名字命名,Android 1.5 命名为 Cupcake(纸杯蛋糕)。该系统与 Android 1.0 相比有了很大的改进。

2009 年 9 月,谷歌发布了 Android 1.6 的正式版,并且推出了搭载 Android 1.6 正式版的手机 HTC Hero(G3),凭借着出色的外观设计以及全新的 Android 1.6 操作系统,HTC Hero(G3)成为当时广受欢迎的手机。Android 1.6 也有一个有趣的甜品名称,它被称为 Donut(甜甜圈)。

2010 年 5 月,谷歌正式发布了 Android 2.2 操作系统,并将此操作系统命名为 Froyo(冻酸奶)。

2010 年 10 月,谷歌宣布 Android 系统达到了第一个里程碑,即电子市场上获得官方数字认证的 Android 应用数量已经达到了 10 万个,Android 系统的应用数量增长非常迅速。2010 年 12 月,谷歌正式发布了 Android 2.3 操作系统 Gingerbread(姜饼)。

2011 年 1 月,谷歌称 Android 设备新用户数量增速达到了 30 万部/日,到 2011 年 7 月,这个数字增长到 55 万部/日,而 Android 系统设备的用户总数达到了 1.35 亿,Android 系统成为当时智能手机领域占有量最高的系统。

2011 年 8 月 2 日,Android 手机已占据全球智能机市场 48% 的份额,并在亚太地区市场占据统治地位,终结了 Symbian(塞班)系统的霸主地位,跃居全球第一。

2011 年 9 月,Android 系统的应用数目已经达到了 48 万,而在智能手机市场,Android 系统的占有率已经达到了 43%,继续排在移动操作系统首位。同年 10 月,谷歌发布全新的 Android 4.0 操作系统,这款系统被命名为 Ice Cream Sandwich(冰激凌三明治)。

2012 年 1 月 6 日,谷歌 Android Market 已有 10 万开发者推出超过 40 万活跃的应用,大多数的应用程序为免费。Android Market 应用程序商店目录在新年首周周末突破 40 万基准,距离突破 30 万应用仅 4 个月。

2013 年 11 月 1 日,Android 4.4 正式发布,从具体功能上讲,Android 4.4 提供了各种实用小功能,新的 Android 系统更智能,添加更多的 Emoji 表情图案,UI 的改进也更现代。

2018 年 10 月,谷歌表示于 2018 年 12 月 6 日停止 Android 系统中的 Nearby Notifications(附近通知)服务,因为 Android 用户收到太多的附近商家推销信息的垃圾邮件。

2019 年 8 月,谷歌宣布 Android 系统的重大改变,不仅换了全新的 logo,命名方式也不再采用糕点名称,而用数字代替。同年发布的 Android Q 的正式名称是 Android 10。

(二)Android 部分发行版本

(1)Android 1.0　2008 年 9 月发布的 Android 第一版。

(2)Android 1.5　Cupcake(纸杯蛋糕):2009 年 4 月 30 日发布。

(3) Android 1.6　Donut(甜甜圈):2009 年 9 月 15 日发布。
(4) Android 2.2/2.2.1　Froyo(冻酸奶):2010 年 5 月 20 日发布。
(5) Android 3.0　Honeycomb(蜂巢):2011 年 2 月 2 日发布。
(6) Android 4.0　Ice Cream Sandwich(冰激凌三明治):2011 年 10 月 19 日发布。
(7) Android 4.4　KitKat(奇巧巧克力):2013 年 11 月 1 日发布。
(8) Android 5.0　Lollipop(棒棒糖):2014 年 10 月 15 日发布。
(9) Android 8.0　Oreo(奥利奥):2017 年 8 月 22 日发布。
(10) Android 9.0　Pie（派）:2018 年 5 月 9 日发布。
(11) Android 10　2019 年 9 月 3 日发布。
(12) Android 11　2020 年 9 月 9 日发布。

二、Android 在嵌入式开发中的优势

Android 作为一个移动信息设备开发平台,因为具有一些巨大的先天优势,所以发展前景良好。

1. 系统的开放性和免费性

Android 最大的优势在于 Android 手机系统的开放性以及服务免费。Android 是一个对第三方软件完全开放的平台,开发者在为其开发程序时拥有较大的自由度,突破了 IOS 等只能添加为数不多的固定软件的枷锁。同时与 Windows Mobile、Symbian 等操作系统不同,Android 操作系统免费向开发人员提供,这一点对开发者、厂商来说是最大的诱惑。

2. 无缝结合的 Google 应用

Google 服务,如地图、邮件、搜索等,已经成为连接用户和互联网的重要纽带,而 Android 平台手机将无缝结合这些优秀的 Google 服务,因而在嵌入式开发方面,Android 平台可以调用更多、更优质的软件资源。

3. 相关厂商的大力支持

Android 项目目前正在从手机运营商、手机制造商、开发者和消费者那里获得大力支持。从组建开放手机联盟开始,Google 一直在向服务提供商、芯片厂商和手机销售商提供 Android 平台的技术支持。也正是因为如此,嵌入式 Android 开发在硬件搭建方面拥有更多的选择,同时这样的选择也在变得更加多元化,更加丰富。

第二节　Android 开发平台的搭建

一、Android 开发平台的组成

Android 开发平台由 5 部分组成,为了使各部分软件能够相互匹配,各软件版本选择如表 3-1 所示。

表 3-1 Android 开发平台组成软件

安装顺序	名称	版本
1	JDK	1.8u3
2	Eclipse	neon
3	ADT 插件	23.0.4
4	SDK	24.4.1
5	Platform Tools	Android 4.4.2(API19) Android SDK Build-Tools 19.1 Android Support Repository Google USB Driver

Android 开发平台的 App 开发都是以 Java 语言为基础进行运作的,因而对于 Android 开发的学习者来说,要掌握一定的 Java 语言知识。同样,基于该特性,对于 Android 平台的搭建可以大致分为 Jave 开发平台的搭建和 Android 开发工具的安装两个阶段。

二、JDK 安装

JDK(Java Development Kit)是 Java 语言的软件开发工具包,主要用于移动设备、嵌入式设备上的 Java 应用程序。JDK 是整个 Java 开发的核心,它包含了 Java 的运行环境(JVM+Java 系统类库)和 Java 工具。

本书所使用的 JDK 版本为 1.8u3,安装包可进入 Java 官网或 Eclipse 官网自行下载,下载完成后点击文件"jdk_1.8.0.1310.11_64.exe"执行安装即可。在安装过程中需要注意以下两点。

(1)在执行过安装程序以后,需要对系统配置环境变量。

(2)在完成环境变量的配置以后,需要对环境变量进行测试,按下快捷键"Windows"+"R"弹出"运行"对话框,并输入"cmd"指令,如图 3-1 所示。

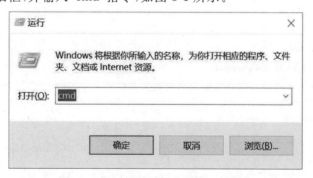

图 3-1 "运行"对话框及所输入的指令

在 cmd 窗口中输入"Java-version"并按"回车"键,若出现如图 3-2 所示的提示,则说明 JDK 和环境变量配置成功。

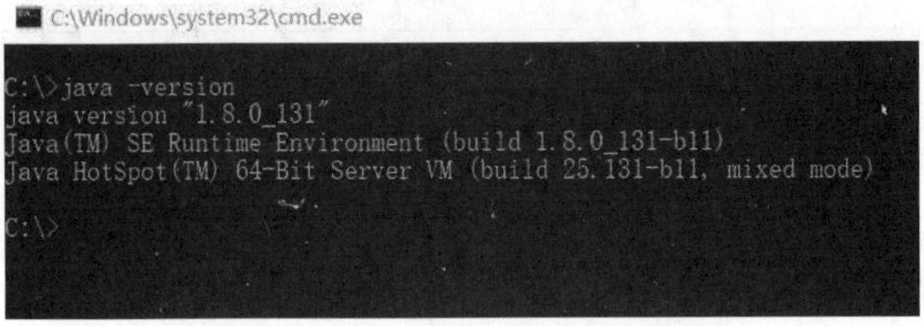

图 3-2　JDK 和环境变量配置成功的说明

三、Eclipse 安装

Eclipse 是一个开放源代码的、基于 Java 的可扩展开发平台。就其本身而言,它只是一个框架和一组服务,用于通过插件组件构建开发环境。

本书所使用的 Eclipse 版本为 Neon,安装包可直接进入 Eclipse 官网进行下载。在此需要注意:在点击进入 Eclipse 以后,系统会自动出现如图 3-3 所示的图标,在图标消失后,会出现一个如图 3-4 所示对话框,该对话框用来选择新建项目的默认储存地址,"Workspace"内便是该地址的具体信息,若需要变动仅需要按下"Browse…"选择变更的地址即可。

图 3-3　Eclipse 运行时出现的图标

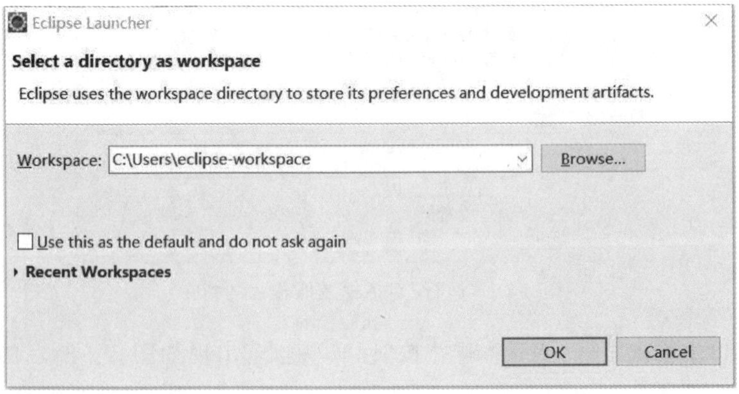

图 3-4　Eclipse 选择存储地址的对话框

四、ADT 的安装

ADT(Android Development Tools)插件在 Eclipse 开发环境下为 Android 开发提供开发插件,可以简单理解为在 Eclipse 下升级开发工具。

1. ADT具体功能

(1)可以从 Eclipse IDE 内部访问其他的 Android 开发工具。例如,ADT 可以直接从 Eclipse访问 DDMS 工具的很多功能,如屏幕截图、管理端口转发、设置断点、观察线程和进程信息。

(2)提供了一个新的项目向导,帮助快速生成和建立起新 Android 应用程序所需的基本文件。

(3)使构建 Android 应用程序的过程变得自动化,且简单易行。

(4)提供了一个 Android 代码编辑器,可以帮助开发人员为 Android manifest 和资源文件编写有效的 XML。

2. ADT安装步骤

ADT 可以到 Android 开发者网站进行下载,其安装步骤如下。

(1)下载 ADT 文件"ADT-23.0.4.zip"。

(2)驱动 Eclipse,选择"Help→Install New Software…"(图 3-5)。弹出"Available Software"的对话框后,选择"Add…→Archive…"(图 3-6)。

(3)选择并安装 ADT 文件"ADT-23.0.4.zip"。正常情况下,本步骤需要 1~5min,若出现安装速度过慢的情况,则说明安装出现错误,此时需要删除 Eclipse 和 ADT,并将这两个软件重新安装一遍。

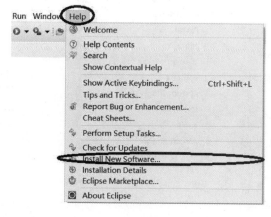

图 3-5 安装 ADT

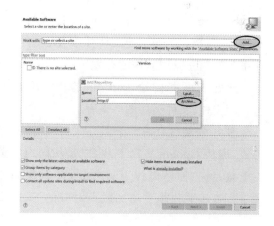

图 3-6 打开加载文件

3. 注意事项

在安装过程中,需要注意:

(1)安装 ADT 需要在无网环境下进行,因而在安装 ADT 前需要检查电脑的网络连接状态,避免出现错误。

(2)ADT 文件"ADT-23.0.4.zip"需要存放在一个不含中文的路径之下。

4. 检查

在安装完成以后,可通过以下步骤来检查 ADT 是否安装成功:

(1)驱动 Eclipse,选择"Help→Install New Software…"(图 3-5)。弹出"Available Software"的对话框后,选择"What is already installed?"(图 3-7)。

(2)在弹出的列表中可以看到"Android Development Tools"(图 3-8),说明 ADT 安装正确。

图 3-7 打开查找目录

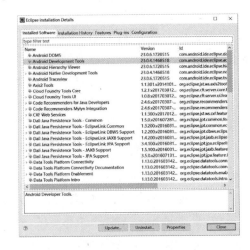

图 3-8 ADT 安装成功

五、SDK 的安装

SDK(Software Development Kit)软件开发工具包,是为特定的软件包、软件框架、硬件平台、操作系统等建立应用软件的开发工具。

此处 SDK 指的是 Android 的软件开发工具包,包含的文件、文件夹如图 3-9 所示。

SDK 安装包有两种下载方式:一种是直接下载方式,即从 Google 官网下载,或是从国内的镜像网站下载;另一种是离线下载方式,即对相关开发资源进行直接下载并手动加载至对应的 SDK 文件目录下。

图 3-9 SDK 包含的文件、文件夹

无论是哪种下载方式,都需要下载 Android 4.4.2(API19)、Android SDK Build-Tools 19.1、Android Support Repository、Google USB Driver 4 种模块。

SDK 包含的部分重要子文件作用如下:

(1)build-tools,该目录存放了 Android 平台相关通用工具。开发者在进行 App 开发时,该目录将根据开发者设置建立一个符合 Android App 层析逻辑的 Android 项目。

(2) extras,该目录用于存放 Android 附加支持文件,主要包含 Android 的 support 支持包、Google 的几个工具和驱动、Intel 的 IntelHaxm。

(3) platforms,该目录用于存放 Android SDK Platforms 平台相关文件,包括字体、res 资源、模板等。

(4) platform-tools,该目录包含各个平台工具,其中包含的部分如表 3-2 所示。

(5) tools,作为 SDK 根目录下的 tools 文件夹,这里包含重要的工具。ddms 用于启动 Android 调试工具,如 logcat、屏幕截图和文件管理器;draw9patch 则是绘制 Android 平台的可缩放 PNG 图片的工具;sqlite3 可以在 PC 上操作 SQLite 数据库;monkeyrunner 则是一个不错的压力测试应用,模拟用户随机按钮;mksdcard 是模拟器 SD 映像的创建工具;emulator 是 Android 模拟器主程序,从 Android 1.5 开始,需要输入合适的参数才能启动模拟器;traceview 是 Android 平台上重要的调试工具。

表 3-2　platform-tools 所含工具

名称	作用
api 目录	api-versions.xml 文件,用于指明所需类的属性、方法、接口等
lib 目录	目录中只有 dx.jar 文件,为平台工具启动 dx.bat 时加载并使用 jar 包里的类
aapt.exe	把开发的应用打包成 Apk 安装文件,如果用 Eclipse 开发,就不用通过命令窗口输入命令+参数实现打包
adb.exe（Android Debug Bridge 调试桥）	通过它连接 Android 手机(或模拟器)与 PC 端,可以在 PC 端上控制手机的操作。如果用 Eclipse 开发,一般情况下 ADB 会自动启动,之后可以通过 ddms 来调试 Android 程序
aidl.exe（Android Interface Definition Language）	Android 内部进程通信接口的描述语言,用于生成可以在 Android 设备进行进程间通信（Inter-Process Communication,IPC）的代码
dexdump.exe	可以反编译 .dex 文件,例如 .dex 文件里包含 3 个类,反编译后也会出现 3 个 .class 文件,通过这些文件可以大概了解原始的 Java 代码
dx.bat	将 .class 字节码文件转成 Android 字节码 .dex 文件
fastboot.exe	可以进行重启系统、重写内核、查看连接设备、写分区、清空分区等操作
Android llvm-rs-cc.exe	Renderscript 采用 llvm 低阶虚拟机,llvm-rs-cc.exe 的主要作用是对 Renderscript 的处理
NOTICE.txt 和 source.properties	NOTICE.txt 只是给出一些提示的信息;source.properties 是资源属性信息文件,主要显示该资源生成时间、系统类型、资源 URL 地址等

1. 直接下载安装

在解压缩完成后进行如下操作：

（1）鼠标右击"SDK Manager.exe"，在菜单中选择"以管理员身份运行"。

（2）在弹出如图 3-10 所示"SDK Manager"的对话框后，去掉所有默认的复选框仅选择图中打"√"的 4 个选项。

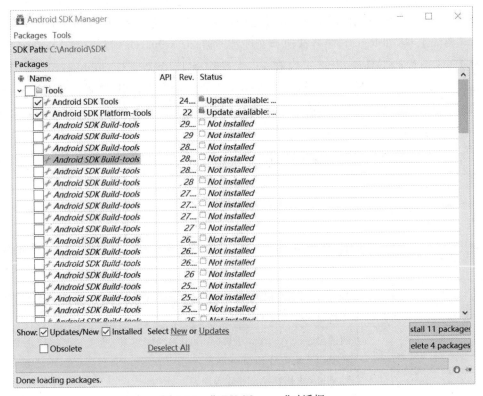

图 3-10　"SDK Manager"对话框

（3）如图 3-11 所示，选择"Tools→Options…"。在弹出的对话框中填写下载网站信息，并选择复选框，然后点击"Close"。

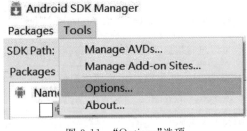

图 3-11　"Options"选项

（4）返回"SDK Manager"对话框，点击"Install 11 Package"即可。

2. SDK 的离线安装

(1)获取所需各模块软件的资源,如 Android 4.4.2(API19)、Android SDK Build-Tools 19.1、Android Support Repository、Google USB Driver。

需要注意的是:"Android Support Repository"和"Google USB Driver"因为存放在 SDK 的 extras 子文件夹下(图 3-9),很多离线资源是将二者共同捆绑纳入 extras 这类模块中,因而命名为 extra 的离线资源包含了这两个模块软件,可以使用。

(2)获取了"Android 4.4.2(API19)"资源以后,首先将其存入 SDK 的"platform-tools"子文件夹下,然后进入如图 3-12 所示的"Settings"对话框中,点击"Clear Cache",最后重启 SDK Manager。

(3)获取了"Android SDK Build-Tools 19.1"资源以后,首先将其存入 SDK 的"build-tools"子文件夹下,然后进入如图 3-12 所示的"Settings"对话框中,点击"Clear Cache",最后重启 SDK Manager。

(4)获取了"Android SDK Extras"资源(Android Support Repository 和 Google USB Driver)以后,首先将其存入 SDK 的"extras"子文件夹下,然后进入如图 3-12 所示的"Settings"对话框中,点击"Clear Cache",最后重启 SDK Manager。

图 3-12 "Settings"对话框

第三节 Android 架构

Android 平台采用了整合的战略思想,包含了底层 Linux 操作系统、中间层以及上层的 Java 应用系统,如图 3-13 所示。

一、System Apps

Android 会附带一系列核心应用程序包,这些应用程序包包括 E-mail 客户端、SMS 短信程序、日历、地图、浏览器、联系人管理程序等。Android 中所有的应用程序都是使用 Java 语言编写的。

二、Java API Framework

应用程序的体系结构旨在简化组件的重用,任何应用程序都能发布它的功能且任何其

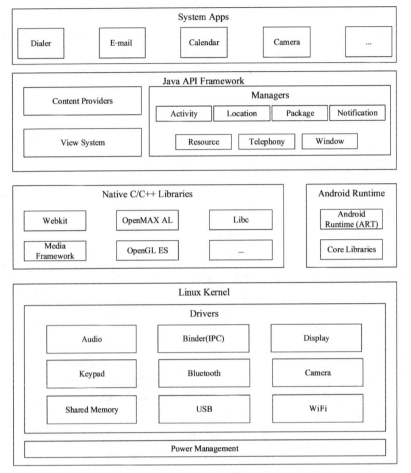

图 3-13 Android 架构图

他应用程序都可以使用这些功能（需要服从框架执行的安全限制），这一机制允许用户替换组件。

开发者完全可以访问核心应用程序所使用的 API 框架。通过提供开放的开发平台，Android 使开发者能够编制极其丰富和新颖的应用程序。开发者可以自由地利用设备硬件优势访问位置信息、运行后台服务、设置闹钟以及向状态栏添加通知等。

所有的应用程序都是由一系列的服务和系统组成的，主要包括以下几种：

（1）丰富而又可扩展的视图（Views），包括列表（Lists）、网格（Grids）、文本框（Text Boxes）、按钮（Buttons），甚至包括可嵌入的 Web 浏览器，这些视图可以用来构建应用程序。

（2）内容提供器（Content Providers），该模块使得应用程序可以访问另一个应用程序的数据，如联系人数据库或者可以共享它们自己的数据。

（3）资源管理器（Resource Manager），该模块提供非代码资源的访问，例如本地字符串、图形和布局文件（Layout Files）等。

（4）通知管理器（Notification Manager），该模块使得应用程序可以在状态栏中显示自定义的提示信息。

(5)活动管理器(Activity Manager),该模块用于管理应用程序生命周期,并且提供常用的导航回退功能。

三、Native C/C++ Libraries

Android 平台包含一些 C/C++库,Android 系统中的组件可以使用这些库。它们通过 Android 应用程序框架为开发者提供服务。这些程序库主要包括:

(1)系统 C 库,一个从 BSD 集成的标准 C 系统函数库,它是专门基于嵌入式 Linux 设备定制的。

(2)媒体库,该模块是基于 PacketVideo 的 OpenCORE,它支持多种常用的音频、视频格式文件的回访和录制,同时支持静态图像文件,编码格式包括 MPEG4、H.264、MP3、AAC、AMR、JPG 和 PNG 等。

(3)Surface Manager,该模块管理显示子系统,并且为多个应用程序提供 2D 和 3D 图层的无缝融合。

(4)LibWebCore,它是一个最新的 Web 浏览器引擎,支持 Android 浏览器和一个可嵌入的 Web 示图。

(5)SGL,该模块为底层的 2D 图形引擎。

(6)3D 库,该模块基于 OpenGL ES 1.0 API 实现,它可以使用 3D 硬件加速或者使用高度优化的 3D 软加速。

(7)FreeType,该模块用于位图和矢量字体显示。

(8)SQLite 库,它是一个对于所有应用程序可用的、功能强劲的轻型关系型数据库引擎。

四、Android Runtime

Android 运行时环境由一个核心库和 Dalvik 虚拟机组成。核心库提供 Java 编程语言核心库的大多数功能。每一个 Android 应用程序都在自己的进程中运行,都拥有一个独立的 Dalvik 虚拟机实例。Dalvik 虚拟机被设计成一个可以同时高效地运行多个虚拟系统的设备,它依赖于 Linux 内核的一些功能,例如对线程机制和底层内存的使用进行了优化。同时 Dalvik 虚拟机是基于寄存器的,所有的类由 Java 编译器编译,然后通过 SDK 中的"dx"工具转化成.dex 格式,最后由虚拟机执行。

五、Linux Kernel

Android 基于 Linux 提供核心系统服务,例如安全、内存管理、进程管理、网络堆栈、驱动模型。除了标准的 Linux 内核外,Android 还增加了内核的驱动程序,如 Binder(IPC)驱动、显示驱动、输入设备驱动、音频系统驱动、摄像头驱动、WiFi 驱动、蓝牙驱动、电源管理。

Linux 内核也作为硬件和软件之间的抽象层,它隐藏具体硬件细节而为上层提供统一的服务。

分层的好处就是使用下层提供的服务为上层提供统一的服务,屏蔽本层及以下层的差异,当本层及以下层发生变化时,不会影响到上层,可以说是高内聚、低耦合。

第四节　运行 Hello World 程序

Android 平台开发是基于 Java 编程语言进行的,本节将说明如何利用 Eclipse 平台基于 Java 语言开发一个打开后能够显示"Hello World"的简单 App。

建立 App 的简单步骤如下。

(1)通过"File→New→Other…",选择"Android Application Project",点击"Next"。

(2)输入 Project 的名字,如图 3-14 所示,此处输入的名字为"Helloworld1"。完成后点击"Next",直至出现如图 3-15 所示的对话框,点击"Finish"。在此注意:图 3-14 中用黑框圈出的 3 个选项栏选择的 API 版本号要与自身所装 SDK 版本号一致,本书所用版本为 API19。

(3)因为新建的"Android Application Project"默认显示"Hello World!",因而直接用模拟机仿真或是下载进手机即可。

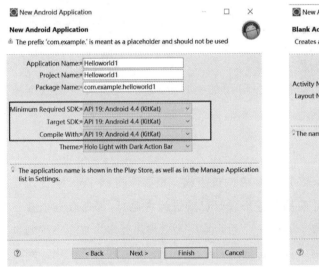

图 3-14　对 App 进行命名

图 3-15　"Blank Activity"

(4)下载进实体手机的大体操作是:①将手机转换为开发者模式;②用 USB 与电脑进行连接;③打开 Eclipse,运行 App 程序,此时会弹出如图 3-16 所示的对话框,选择对应的下载终端,点击"OK",此时 App 便会下载进入手机中;④打开手机,找到并打开 App,具体效果如图 3-17 所示。

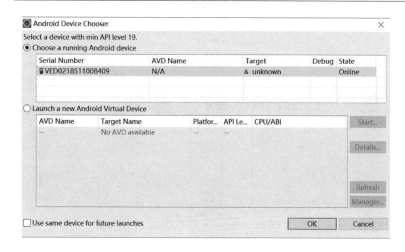

图 3-16　选择下载终端　　　　　　　图 3-17　App 运行效果

(5)用模拟机仿真的具体操作如下：①选择"Window→Android Virtual Device Manager"，创建虚拟机；②运行 App 程序，选择创建的虚拟机，加载成功后，App 在模拟机上的仿真效果便会显示。

第五节　小　结

本章依次叙述了什么是 Android 系统，Android 系统的发展历程，Android 平台的构建以及如何建立一个输出"Hello World"的程序。第一节简略介绍了 Android 系统，以及 Android 系统的优势。第二节对如何搭建 Android 开发平台进行了详细的介绍。第三节大致介绍 Android 开发平台的构建，并对每一层的功能以及定位进行了详尽的介绍。第四节说明如何建立一个简单的 Project，功能为输出"Hello World"。

习题与思考

(1)什么是 Android 系统？
(2)Android 系统有什么优势？
(3)Android 系统的构建是什么？
(4)对于 Java API 这一层而言，它的组成是什么？
(5)如何构建一个输出"Here I come,Android！"的程序？

第四章 Android 编程基础

本章主要从面向对象程序设计、Android 的开发语言——Java 和 Android 的程序架构 3 方面来介绍 Android 的编程基础,在此之后会进行 Android 简单界面的设计。

第一节 面向对象程序设计基础

类是对某类对象的抽象和描述,是此类对象的模板,对象是类的实例。它们是实现数据封装的基础,在 Java 语言的程序设计中占据核心地位。简单来说,在 Java 程序设计中,除了基本数据类型,一切都是对象。

本节内容介绍类和对象的基本概念以及基本运用方法,其中包括类的定义、创建对象、对象的初始化、包和方法等。

一、类与对象

传统的面向对象设计主要侧重于实体行为的抽象,而把表示实体状态的属性置于一个被动并且分离的状态。面向对象程序设计主要是把实体的属性和行为作为一个抽象的整体。对象和类是这一抽象化的具体产物,是面向对象程序设计中最为主要的核心概念。

(一) 类

在 Java 语言中,类是一种引用的数据类型,它描述了类对象的行为和属性。它是具有相同属性和行为的一组对象的抽象与统一描述,是用户自定义的数据类型。类定义的一般格式如下:

class 类名
{
　　public:公有数据成员和成员函数;
　　private:私有数据成员和成员函数;
　　protected:保护数据成员和成员函数;
};

其中,class 是定义类的关键字,类名是一个标识符号,类体由数据成员和方法组成。其中的数据成员决定了该类对象相关的变量,它的数据类型可以是 Java 语言中任何合法的类型,决定了该类对象的状态。

【例 4-1】类定义实例,定义类 student。

```
1.class student{
2.String name;
3.char sex;
4.int age;
5.double score;
6.};
```

例 4-1 定义了类 student。但是在这个类中没有定义具体的 main()方法,因此并不能运行它,但是可以利用它来实现相应对象的建立。习惯上,人们把包含 main()方法的类称为主类。

在使用类时需要注意:类的成员可以是其他类的对象,但不能以类自身的对象作为本类的成员,而类自身的指针和引用可以作为类的成员。

(二)对象

对象是在客观世界里任何实体的抽象。被抽象的可以是具体的物,也可以是某些概念,如一名学生、一辆自行车、一本笔记本、一台电脑等。而有些实体可由其他实体组成,如一辆自行车是由车身、车把、车轮、车座等组成。

实体是有属性和行为的。属性是表示实体具体的静态特征,所有属性的组合反映的是实体的组态,行为是表示实体状态的动态特征,一个行为的过程或实体状态的改变。在客观世界中,任何实体都具有丰富的属性和复杂的行为。抽象的目的是要从这些复杂的属性和行为中选择和提炼出为解决问题所必须的属性及方法。

对象是类的实例或实体。类与对象的关系,如同 C++基本数据类型和该类型的变量之间的关系。对象的一般格式如下:

类名　对象名 1,对象名 2,…,对象名 n;

定义对象应注意:必须在定义了类之后,才可以定义类的对象。

如例 4-1 中,学生的 name、sex、age 和 score 都是 student 类下的对象。

【例 4-2】对象的定义实例。

```
1.String name;
2.char sex;
3.int age;
4.double score;
```

二、对象的创建与使用

对象是根据类创建的。当创建了一个类之后,就需要在类中创建相应的对象。在 Java

中,使用关键字 new 来创建一个新的对象。创建对象人的一般格式如下:

  类名 对象名 = new 类名();

  从上述可知,创建对象和声明基本数据类型的形式是不完全相同的,这是因为基本数据类型在声明变量时,系统会根据变量的数据类型分配相应的空间,但在 Java 中只能使用上述表达式创建。

  如下形式:

  类名 对象名

  只是声明了一个用来操作该类对象的引用,并不会创建实际的对象,也不会为对象分配相应的内存空间。

  对象的引用和对象的关系就好比遥控器和遥控车,遥控器虽然可以作为一个整体存在,但是它必须与遥控车建立联系才能发挥作用,否则就失去了其真正的意义。因此,在对象引用时需要创建相应的对象实例,并与其建立联系,否则就不能访问该对象,程序运行也会发生错误。所以,比较安全的做法就是采用前面的方法在创建对象的同时,声明对象引用,以确保对象引用的正确初始化。

  创建对象之后,便可以使用"."运算符访问其中的成员(包括数据成员和方法)。以下创建一个 Fruits 对象,并对其进行引用。

  使用 new 创建对象时,会调用 Fruits 类的构造方法初始化对象,Fruits 类的构造方法要求传入 water(汁液含量)、sugar(糖分含量)、fragrance(芳香度)3 个属性值,初始化对象的属性。

  【例 4-3】Fruits 类的构造方法。

```
1.fruits(String inwaterm,String sugar,String fragrance)
2.{
3.this.water = inwater;
4.this.sugar = sugar;
5.this.fragrance = fragrance;
6.}
```

三、包

  在一个 Java 项目中,一般会有很多文件,为了管理方便,一般都会按照所属功能,分别放到不同的文件夹里。Java 中的文件夹,就称为包(package)。

  (一)包的作用

  (1)把功能相似或相关的类或接口组织在同一个包中,方便类的查找和使用。

  (2)如同文件夹一样,包也采用了树形目录的存储方式。同一个包中的类名字是不同的,不同包中类的名字是可以相同的,当同时调用两个不同包中相同类名的类时,应该加上包名加以区别。因此,包可以避免类名冲突。

(3)包也限定了访问权限,拥有包访问权限的类才能访问某个包中的类。

(4)Java 使用包这种机制是为了防止命名冲突,访问控制,提供搜索和定位类、接口、枚举和注释等。

(二)创建包

创建包的时候,首先需要为这个包取一个合适的名字。之后,如果其他的一个源文件包含了这个包提供的类、接口、枚举或者注释类型的时候,都必须将这个包的声明放在这个源文件的开头。

包声明应该在源文件的第一行,每个源文件只能有一个包声明,这个文件中的每个类型都应用于它。

如果一个源文件中没有使用包声明,那么其中的类、函数、枚举、注释等将被放在一个无名的包(unnamed package)中。

【例 4-4】创建包实例。

```
1.package dogs;          //创建包
2.interface Dogs {       //创建接口
3.public void eat();
4.public void travel();
5.}
```

(三)包与 import 语句

在执行应用程序中的类时,需要指定类的完整的名字。而在类定义中引用其他类时,也是需要给出被访问类的完整名字,当然,除非此类与当前类在同一包里或者源文件里包含 import 语句。所以,为了能够使用某一个包的成员,需要在 Java 程序中明确导入该包。包的导入使用 import 语句可完成。

在 Java 源文件中 import 语句应位于 package 语句之后,所有类的定义之前,可以没有,也可以有多条。

【例 4-5】import 语句使用实例。

```
1.import package1[.package2…].(classname|* );
```

四、方法

对象具有状态和行为,变量用来描述对象的状态,而方法则是用来描述对象的行为。通过调用对象方法,可以返回对象的状态,改变对象的状态,或者与其他对象发生相互作用。

(一)定义方法

Java 语言中,方法的定义一般格式如下:

返回值类型　方法名(形式参数表)
{
　　方法体
}

其中返回值是指返回值的类型,方法的返回值是需要返回给调用者处理的结果,是由 return 语句给出的,它可以使用任何合法的 Java 类型,如果某个方法没有返回值,其返回值类型应该被标为 void,此时函数中可以没有 void 语句。方法名是一个标识符,它是具体的标志,在命名时最好"见名知意"。形式参数是需要传递方法的数据,它由 0 个、1 个或者多个参数组成。

【例 4-6】定义方法实例。

```
1.int add(int a,int b)
2.{
3.return a+b;
4.}
```

例 4-6 定义的方法是计算形参 a 加 b 的值。此方法返回值是 int 型,方法名是 add。函数中有两个 int 形参 a、b,分别对应加数和被加数。add 方法的方法体中只有 1 条语句。

由上述例子可知,return 语句一般使用的方式是"return+表达式"。该语句的作用是先计算出表达式的值,然后将其返回,并结束该方法的运行。

(二)调用方法

Java 语言中,除了 main() 函数可以由系统自主调用之外,其他方法如果想要调用,就必须明确调用。调用的一般方法如下:

方法名(实际参数表)

其中,实际参数表通常情况下被称为实参,它是一个表达式,用来初始化被调用方法的形参,由此可知,该调用的实参应与被调用方法的形参相一致。

方法调用是一个表达式,其中的括号是方法调用的运算符,表达式的值是被调用函数的返回值,此时,它的类型就是方法定义中指定方法的返回值类型。

如果该方法的返回值是 void,说明该方法没有返回值,此时在方法调用时,只能用作表达式语句。否则该方法的调用表达式可作为一个子表达式用作其他表达式的操作数。方法调用时,首先从左到右计算出每一个实参表达式的值,然后用该值去初始化对应的形参。

【例 4-7】调用方法实例。

```
1.public class add {
2.
3.static int area(int a,int b){
4.return a*b;
5.    }
6.
```

```
7.public static void main(String[] args){
8.int length =  5;
9.int width =  4;
10.int area =  area(length,width);      //调用方法 area
11.        System.out.println("area= "+ area);
12.    }
13.}
```

例 4-7 运行结果如图 4-1 所示。

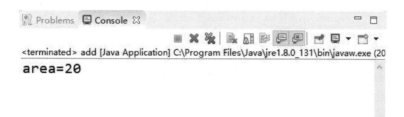

图 4-1　例 4-7 运行结果

例 4-7 中定义了两个方法,其中的一个是 main 方法,是由系统自动调用的;另一个是 area 方法,用于计算矩形的面积。函数中 length 传递的是 area 方法中的 a,width 传递的是 area 的 b,并开始执行 area 方法。在执行到 return 语句后,首先将返回值赋给方法调用表达式,然后结束 area 方法的执行,继续执行方法调用表达式后面的操作。

五、继承

继承是 Java 面向对象编程技术中的重要基石,继承概念的出现实现了分级分层的类的创建。继承即为子类继承父类的特征与行为,使得子类对象(实例)能够具有父类的实例域和方法;或子类从父类继承方法,使得子类具有父类相同的行为。继承具有以下特点:
(1)通过继承,原有类可以派生出子类,以此构造出更为复杂的子类。
(2)子类既有新定义的行为特征,又继承了原有类的行为特征。
(3)父类与子类存在着包含与被包含的关系。
在 Java 中继承可以在现有类的基础上进行功能的扩展,继而更加快速地开发出新类,使新类在复用当前类的特征和行为的同时,能够定义自己的特征和行为。
通过继承可以大幅度提高代码的复用性,减少代码量,便于程序的后期维护。
继承通过使用关键字 extends 来声明一个子类,其格式为:
［修饰符］class〈子类名〉extends〈父类名〉{
〈子类体〉//类定义部分
}
以下给出继承使用的实例。

```
public class Person { //声明类
    // 成员变量(属性):
    String name; // 姓名
    int age; // 年龄
    String address;// 住址
    // 成员方法(动作):
    public say() {
    System.out.println (name + "的年龄是" + age\n家庭住址:"+ address);
    }
}

public class Student extends Person{} // 继承 Person 类
Student stu = new Student(); // 声明对象并分配空间
stu.name= "Tom";
stu.age= 19;
stu.address= "地大";
stu.say();
```

运行结果为:

Tom 的年龄是 19

家庭住址:地大

同时,类的继承中有两个重要的关键字:一是通过 super 关键字来实现对父类成员的访问,用来引用当前对象的父类;二是通过使用 this 关键字指向自己的引用。

六、抽象类与接口

(一)抽象类

在面向对象的概念中,所有的对象都是通过类来描绘的,但是反过来,并不是所有的类都是用来描绘对象的。如果一个类中没有包含足够的信息来描绘一个具体的对象,这样的类就是抽象类。

抽象类除了不能实例化对象之外,类的其他功能依然存在,如成员变量、成员方法和构造方法的访问方式和普通类一样。由于抽象类不能实例化对象,所以抽象类必须被继承,才能被使用。

在 Java 语言中使用 abstract 来定义抽象类,其成员方法可以是抽象方法(没有方法体)。抽象类的特点是:

(1)抽象类可以有抽象方法,也可以没有。

(2)不能使用 new 运算符创建抽象类的对象,需利用继承产生其子类,由子类创建对象。

例如,以下代码定义了一个抽象类。

```
abstract class A{
        abstract int min(int x, int y);   //没有方法体,抽象方法
        int max(int x, int y){       //有方法体
   return x> y? x: y;
        }
    }
```

(二)接口

接口在 Java 编程语言中是一个抽象类型,是抽象方法的集合,通常用 interface 来声明。一个类通过继承接口的方式来继承接口的抽象方法。接口中所有的方法必须是抽象方法。

Java 不支持多重继承,即一个类只能有一个父类,使得 Java 简单,易于管理程序。为了克服单继承的缺点,Java 使用接口,使得一个类可以实现多个接口。实现接口的关键字是 implement。

如果一个类使用了某个接口,那么这个类必须实现该接口的所有方法,即为这些方法提供方法体。

例如,声明一个接口 Computable。

interface Computable{
    int MAX = 100;
    int f(int x);
}

实现接口的方法如下。

```
classB implements Computable{ //继承接口的所有变量和方法,使用关键字 implement
    int num;   //增加一个成员变量
    public int f(int x){     //提供抽象方法的方法体
    return x* 2;
    }
}
```

第二节　Android 的开发语言——Java

前面章节介绍了 Java 语言有关面向对象的知识。本节主要介绍 Java 的基础知识,包括一些基本的运算符和表达式,以及 Java 中 String 类的声明和使用。

一、Java 的数据类型

数据主要是用来表示对象的形态,每一个数据都属于某种数据类型。类型规定了数据的性质、取值范围以及在其上可以进行的操作行为。在 Java 中基本的数据类型分为数值类

型、字符类型和布尔类型,其中数值类型又可分为整数类型和浮点类型。

(一)整数类型

整数类型是用来存储整数数值的,即没有小数部分的数值。其可以是正数,也可以是负数。整数数据在 Java 中的表现形式分为十进制、八进制和十六进制。

十进制:最常用的数据表现形式,如 52、6、−521。

八进制:如 0123(十进制为 83)、−0123(十进制为 −83)。

十六进制:如 0x25(十进制 37)、0xb01e(十进制 45086)。

整数数据依据字节的不同分为 byte、short、int 和 long 等 4 种类型,其字节数分别为 1、2、4 和 8。

【例 4-8】定义整数类型变量。

```
1.int x1 =  521;
2.int x2 = - 520;
```

(二)浮点类型

浮点类型和整数类型不同的地方在于浮点类型有小数部分。Java 中的浮点类型分为单精度浮点和双精度浮点,其字节数分别为 4 和 8。

在默认情况下,Java 将小数均默认为 double 类型,若要使用 float 类型,需要在小数后面加 F 或 f。在声明 double 类型时,后缀 d 或 D 可忽略。

【例 4-9】定义浮点类型变量。

```
1.float f1 =  0.520f;
2.double d1 =  1.253d;
3.double d2 =  2.321;
```

(三)字符类型

1.char 型

字符类型 char 存储的字符为 2 字节,在定义字符时使用单引号表示,而字符串则以双引号表示。

【例 4-10】定义 char 类型变量。

```
1.char c1 =  'a';
2.char a2 =   'b';
```

2. 转义字符

转义字符是一种特殊的字符变量,它以"\"开头,后跟一个或多个字符。转义字符具有特定的含义,不同于字符串原有的意义,其详细解释如表 4-1 所示。

表 4-1　转义字符的含义

转义字符	含　义
\ddd	1~3 位八进制数据所表示字符
\uxxxx	4 位十六进制数据所表示字符
\'	单引号字符
\\	反斜杠字符
\t	垂直制表符
\r	回车
\n	换行
\b	退格
\f	换页

（四）布尔类型

布尔类型又称逻辑类型，通过关键字 boolean 来定义布尔类型，只有 ture 和 false 两个值，分别代表真和假，常常在代码流程中作为判断条件。

【例 4-11】声明 boolean 变量。

```
1.pravate boolean ture;
2.boolean b1 = ture;
```

二、Java 运算符与表达式

在程序设计过程中经常要进行各种运算，从而达到改变变量值的目的。要实现运算，就要使用运算符。它是用来表示某种运算的符号，用来指明对操作数所进行的运算。

（一）赋值运算符

赋值运算符使用符号"＝"表示，它是一个二元运算符，其功能是将右边操作数赋值给左边操作数。

【例 4-12】赋值运算符变量赋值。

```
1.int x = 5;
```

由于赋值运算符"＝"会先取右边表达式处理后的结果，若此时含有两个及以上的运算符，会从右边的"＝"开始处理。

【例 4-13】赋值运算符使用。

```
1.public class Fuzhi{                              //创建类
2.public static void main(String[] args) {         //主方法
3.int a = 5 ;
4.int b,c;
5.        c = b = a + 4;                           //将 a 与 4 的和赋值给 b,然后赋值给 c
6.        System.out.println("c 的值是:"+ c);
7.        System.out.println("b 的值是:"+ b);
8.    }
9.}
```

例 4-13 的运行结果如图 4-2 所示。

图 4-2　例 4-13 运行结果

(二)算术运算符

Java 中的运算符主要有＋、－、＊、/、％,它们都是二元运算符。Java 中的算术运算符的功能及使用方式如表 4-2 所示。

表 4-2　Java 运算符的功能及使用方式

运算符	说明	实例	结果
＋	加	2＋5	7
－	减	3－2	1
＊	乘	8＊7	56
/	除	8/2	4
％	取余	7％3	1

其中"＋"和"－"运算符还可以作为数据的正负符号,如＋5、－7。

(三)比较运算符

比较运算符是指可以比较两个值大小的运算符。当用运算符比较两个值时,结果是一个逻辑值,不是 TRUE(成立),就是 FALSE(不成立)的运算符号。比较运算符有 6 个,其功能及使用方式如表 4-3 所示。

表 4-3　比较运算符的功能及使用方式

运算符	说明	实例	结果
＞	大于	2＞3	false
＜	小于	56＜57	ture
==	等于	'c'=='c'	ture
＞=	大于或等于	479＞=428	ture
＜=	小于或等于	12.5＜=45.6	ture
!＝	不等于	'a'!='b'	ture

【例 4-14】比较运算符使用。

```
1.public class compare {
2.public static void main(String[] args) {      //主方法
3. int num1 = 9;
4. int num2 = 10;
5. System.out.println("num1> num2 的返回值为:"+ (num1 > num2));    //大于
6. System.out.println("num1< num2 的返回值为:"+ (num1 < num2));    //小于
7. System.out.println("num1= = num2 的返回值为:"+ (num1 = = num2)); //等于
8. System.out.println("num1> = num2 的返回值为:"+ (num1 > = num2)); //大于或等于
9. System.out.println("num1< = num2 的返回值为:"+ (num1 < = num2)); //小于或等于
10. System.out.println("num1! = num2 的返回值为:"+ (num1 ! = num2)); //不等于
11.  }
12.}
```

例 4-14 的运行结果如图 4-3 所示。

图 4-3　例 4-14 运行结果

（四）逻辑运算符

逻辑运算符主要用于进行逻辑运算。Java 中的常用逻辑运算符如表 4-4 所示。

表 4-4 逻辑运算符

逻辑运算符	名称	举例	结果
&&	与	a&&b	如果 a 与 b 都为 ture，则返回 ture
||	或	a||b	如果 a 与 b 任一为 ture，则返回 ture
!	非	!a	如果 a 为 false，则返回 ture，即取反
^	异或	a^b	如果 a 与 b 有且仅有一个 ture，则返回 ture

逻辑运算符的返回值类型是布尔值表达式，与比较运算符相似，可以与其一起构成更加复杂的表达式。它的应用比较广泛，也比较容易掌握，与 C 语言中的逻辑运算符基本相同。

【例 4-15】逻辑运算符的使用，在主函数中创建整形变量，使用逻辑运算计算，并将结果输出。

```
1.public class calculation {
2.public static void main(String[] args) {    //主方法
3.int a = 9;                  //声明 int 变量
4.int b = 10;
5.boolean result = ((a > b) && (a ! = b));
6.//声明布尔型变量 result
7.boolean result2 = ((a > b) || (a ! = b));
8.//声明布尔型变量 result2
9.    System.out.println(result);//输出 result
10.    System.out.println(result2);//输出 result2
11.  }
12.}
```

运行结果如图 4-4 所示。

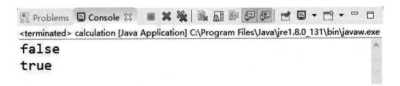

图 4-4 例 4-15 运行结果

（五）位运算符

位运算符除了按位与和按位或运算以外，其他的只能用于处理整数的操作数。位运算是完全正对位方面的操作。整型数据在内存中以二进制的形式表示，如整数型变量 7 的二进制表示为 00000000 00000000 00000000 00000111。

左边最高位是符号位，最高位是 0 表示正数，若为 1 则表示负数。负数采用补码表示，如－8 的二进制表示为 11111111 11111111 11111111 11111000。这样就可以对整数型数据进行按位运算。

Java 表达式中可能存在多个运算符,运算符之间存在优先级的关系,级别高的运算符先执行运算,级别低的运算符后执行运算。表 4-5 列出了运算符的优先级,表中优先级栏,数字越小优先级越高,每个运算符用中文顿号分割。

表 4-5 运算符优先级

优先级	运算符	结合性
1	()［］％	从左到右
2	！＋(正)－(负)～＋＋－－	从右到左
3	＊ ％	从左到右
4	＋ －	从左到右
5	＜＜ ＞＞	从左到右
6	＝＝ ！＝	从左到右
7	&	从左到右
8	^	从左到右
9	|	从左到右
10	&&	从左到右
11	||	从左到右
12	?:	从右到左
13	＝ ＋＝ －＝ ＊＝ /＝ ＜＜＝ ＞＞＝ A77	从右到左

(六)运算符优先级

表 4-5 中结合性指运算符结合的顺序,通常都是从左到右。从右到左的运算符最典型的就是数值前面的正负号,例如 3＋－4,则意义为 3 加－4,符号首先和运算符右侧的内容结合。

表 4-5 中小括号"()"优先级最高,表达式含有小括号的,优先执行小括号的内容,如果包含多个小括号,执行顺序是从左到右。

例如,假设变量 a 的值为 12,下述语句的执行会有不同的结果:

(1)执行 a ＋ 18 ％ 4 ,因为运算符％的优先级高于运算符＋,该语句先执行取余运算,再执行加法运算,其结果为 14。

(2)执行(a ＋ 18)％ 4 ,因为小括号的优先级最高,该语句先执行小括号里的表达式 a＋18,再执行取余运算,其结果为 6。

(3)执行 a ＊ ((a ＋ 18)％ 4),该语句括号内嵌套括号,执行顺序是先执行内层括号的运算,再执行外层括号的运算,其运算结果为 48。

三、Java 的 String 类

字符串广泛应用在 Java 编程中,在 Java 中字符串属于对象,Java 提供了 String 类来创建和操作字符串。String 类对象创建后不能修改,由 0 个或多个字符组成,包含在一对双引号之间。String 类中方法侧重于字符串的比较、字符串定位、字符串提取等操作。

(一)String 类的构造方法

String 类的构造方法十分丰富,可以使用不带参数的构造方法创建不带任何字符的字符串,或者利用字符串数组创建 String 对象,也可以利用 String 对象创建一个新的具有相同内容的 String 对象。

String 类中提供了多种构造方法,可以用来创建 String 对象,以下是最常用的几种创建 String 对象的方法。

(1)public String(),表示无参构造方法,用来创建空字符串的 String 对象。

String str1 = new String();

(2)public String(char[] value),表示用已知的字符串 value 创建一个 String 对象。

String str2 = new String("abc");

String str3 = new String(str2);

(3)public String(String value),表示用字符数组 value 创建一个 String 对象。

char[] value = {'a','b','c'};

String str4 = new String(value);//相当于 String str4 = new String("abc");

(二)String 类的常用方法

1. 求字符串长度

public int length()//返回该字符串的长度。

【例 4-16】字符串长度求取。

```
1.String str = new String("Java_world");
2.int strlength = str.length();
```

调用方法 length(),可以计算字符串的长度。使用时必须注意:字符串第一个字符的位置为 0,最后一个为 length()—1。

2. 求字符串某一位置字符

public char charAt(int index)   //返回字符串中指定位置的字符。

同样需要注意:字符串中第一个字符索引是 0,最后一个是 length()—1。

【例 4-17】求字符串某一位置字符。

```
1.String str = new String("Java_world");
2.char ch =  str.charAt(4);
```

调用方法 charAt(),可以获取字符串某一位置的字符,并将其返回。

3.字符串比较

String 类中提供了多个用于字符串的方法,其中最常用的是 compareTo()方法,其基本格式是:

Str1.compareTo(Str2);

它返回的是一个 int 类型值。若 Str1 等于参数字符串 Str2,则返回 0;若该 Str1 按字典顺序小于参数字符串 Str2,则返回值小于 0;若 Str1 按字典顺序大于参数字符串 Str2,则返回值大于 0。Java 中的 compareTo()方法,返回参与比较的前后两个字符串的 asc 码的差值。

【例 4-18】字符串比较。

```
1.String a= "a",b= "b";
2.System.out.println(a.compareto.b);
```

则输出 −1;

若 a="a",b="a"则输出 0;

若 a="b",b="a"则输出 1。

第三节　Android 程序的结构

Android 应用程序由松散耦合的组件组成,并使用应用程序 Manifest 绑定在一起。应用程序的 AndroidManifest.xml 文件描述了每个组件和它们之间的交互方式,还用于指定应用程序元数据、其硬件及平台要求、外部库以及必要的权限。

一、目录结构

Android 的应用项目文件主要由多个文件夹组成。在 Hello World 程序的目录中,可以看到其目录结构主要包括:src 文件夹、gen 文件夹、Android 文件夹、assets 文件夹、res 文件夹、AndroidManifest.xml。在 Eclipse 的左侧展开 Hello World 项目,可以看到如图 4-5 所示的目录结构。

(1)src 目录。按照项目 Java 包的目录结构保存了项目中所有 Java 源程序,也就是源代码。

(2)gen 目录。存放系统自动生成的配置文件,包括 Rjava 文件。

(3)assert 目录。项目中用到的各种静态资源文件都存放在这个目录下,比如字体、第三方 JAR 文件等。

(4)res 目录。项目中用到的所有动态资源文件都存放在 res 目录下,这个目录存放与工程项目相关的各种资源文件。其中包含了大部分用于描述软件界面布局的 XML 文件和

```
v 🗁 hellowold
  > 🔧 Android 4.4.2
  > 🗁 src
  > 🗁 gen [Generated Java Files]
    🗁 assets
  > 🗁 bin
  v 🗁 res
    > 🗁 drawable-hdpi
    > 🗁 drawable-ldpi
    > 🗁 drawable-mdpi
    > 🗁 drawable-xhdpi
    > 🗁 drawable-xxhdpi
    v 🗁 layout
        📄 activity_main.xml
    > 🗁 menu
    > 🗁 values
    > 🗁 values-v11
    > 🗁 values-v14
    > 🗁 values-w820dp
    📄 AndroidManifest.xml
    📄 ic_launcher-web.png
    📄 proguard-project.txt
    📄 project.properties
```

图 4-5 Android 的目录结构

所有的图片文件（界面布局中会用到的图标、图片和动画）等。res 目录又细分成如下 3 个子目录：①drawable 目录，用于存放图像资源文件，如图片和位图等；②layout 目录，用于存放用户界面 XML 布局文件；③values 目录，用于保存项目中用到的各种常量和字符串资源。

（5）AndroidManifest.xml 文件。这个文件在创建项目的时候由 ADT 自动生成。通过扩展名可以知道它是一个 XML 文件，其中包含了大量关于程序本身的信息，如程序包含了哪些活动、服务和意图，哪个活动最先启动，程序需要从操作系统获得哪些许可（手机的某些功能是受限使用的，比如定位和拨出电话等），以及其他一些必要信息。该文件本质是一个 XML 文件，因此可以使用任何一款文本编辑器对其进行修改，不过通过 ADT 提供的图形编辑器编辑起来更加方便。这个 XML 文件是应用程序的清单文件。在这个文件中设定了构建和安装该应用程序需要满足的一些条件。ADT 插件也为该文件提供了一个特殊的图形化编辑器。

二、Android 程序入口

Android 的应用程序是由多个 Activity 拼接而成的，每一个 Activity 之间都有着紧密的联系。Android 应用程序中，并没有像 C++ 和 Java 这样用 main() 函数来作为应用程序的入口。Android 应用程序提供的是入口 Activity，而非入口函数。

Activity 是 Android 程序的核心，每一个 Activity 提供了一个可视化区域，在这个区域内可以放置 Android 组件，例如，按钮、图像、文本框等。在 Activity 中有一个 onCreate 事件方法，一般在该方法中对 Activity 进行初始化。

【例 4-19】hello world 的 Activity 界面。

```
1.public class MainActivity extends Activity {
2.
3.@ Override
4.protected void onCreate(Bundle savedInstanceState) {
5.super.onCreate(savedInstanceState);
6.        setContentView(R.layout.activity_main);
7.    }
8.}
```

以上实例是 Android 的 hello world 程序中 activity_main 的所有代码，从程序中第 4 行可以看到，程序通过调用 onCreate() 方法进入了 Activity。

第四节　实现简单的界面

在上述章节中,介绍了如何去创建一个 Android 工程,以及 Android 工程的入口在哪里。此节主要介绍如何实现 hello world 程序的界面,使其能够在虚拟机中显示 hello world 字样。

第一种方法,打开新建的 hello world 程序,打开"layout"下的"Graphical Layout"文件,可以清晰地看到在页面中有"hello world"字样,其实这个字样是一个 TextView 类型,想要创建它可以将"Form Widgets"下的"TextView"拖入显示界面中即可。"TextView"的具体位置如图 4-6 所示。

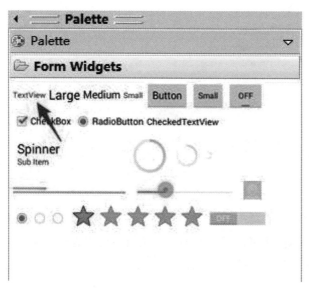

图 4-6　"TextView"的具体位置

将其拖入显示界面之后,可以任意定义其在显示界面所在的位置。如果想要更改"TextView"的具体内容可以直接对其进行双击,然后更改内容。此外,也可以在"properties"中更改内容,如将"TextView"显示的内容为更改为"good morning",打开"properties",直接更改"Text"的内容即可,如图 4-7 所示。

第二种方法,除了可以在"Graphical Layout"文件中更改内容处,也可以直接在 Activity 中直接修改代码,来更改显示内容。打开"layout"下的"activity_main.xml"文件,可以看到如例 4-20 所示代码。

【例 4-20】"TextView"的内容。

```
1.< TextView
2.    android:layout_width= "wrap_content"
3.    android:layout_height= "wrap_content"
4.    android:text= "@ string/hello_world" />
```

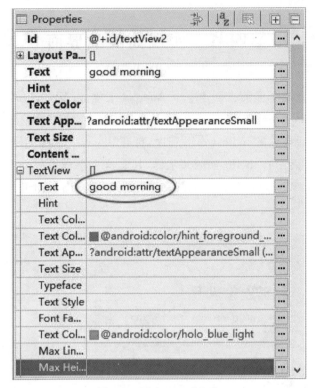

图 4-7　更改"Text"内容

如例 4-20 所示,"TextView"中分别定义了字符串的位置和内容,如果想要更改"TextView"所要实现的内容直接更改"Text"即可。更改后的内容如例 4-21 所示。

【例 4-21】更改后"TextView"的内容。

```
1.< TextView
2.    android:layout_width= "wrap_content"
3.    android:layout_height= "wrap_content"
4.    android:text= "good morning" />
```

当更改"TextView"的内容之后,会看到显示界面显示"good morning"字样。这样一来,便已经成功更改了"TextView"的内容。

第三种方法,通过更改 values 文件夹下的"String"来更改所要显示的字符串。对于 hello world 工程,打开 values 文件夹下的"String",可以看到"hello_world"是字符串的名字,"Hello_world!"是字符串的值,如图 4-8 所示。

若要更改字符串显示的内容,只需要更改字符串的值即可,然后引用相应的字符串名即可。将"Hello_world!"改为"good morning",然后引用字符串的名字,如例 4-22 所示。

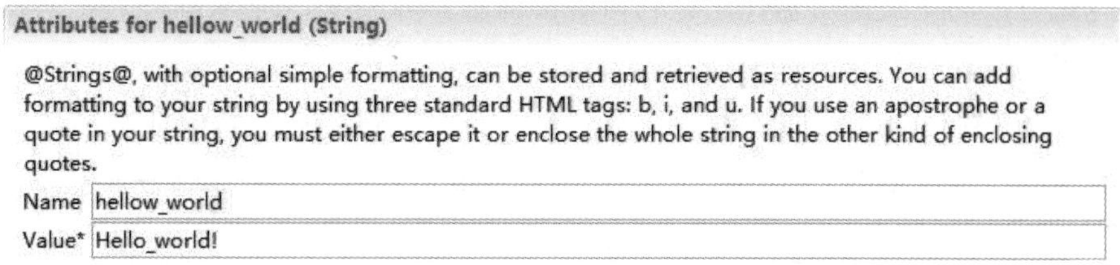

图 4-8　values 下的"String"

【例 4-22】调用字符串。

```
1.android:layout_width= "wrap_content"
2.android:layout_height= "wrap_content"
3.android:text= "@ string/hello_world"
```

即使此时调用的 String 叫作"hello_world",但是它的值却是"good morning",因为已经在 values 下更改了字符串"hello_world"的值。

第五节　小　结

本章内容主要介绍了 Android 编程的基础,从面向对象的程序设计、Android 的开发语言——Java、Android 的程序架构和 Android 程序简单界面的实现 4 个方面介绍了进行 Android 开发所需要具备的基本知识。

第一节主要介绍了面向对象的程序设计基础,分别叙述了类、对象、包和方法的含义以及简单的应用。第二节主要从 Java 的数据类型、运算符和 String 类 3 方面简单的介绍了 Java 语言的基本知识。第三节介绍了 Android 的程序架构,Android 程序中重要的文件夹,以及 Android 的程序入口 Activity。第四节介绍了简单界面的实现,通过更改"TextView"的内容来简单了解 Android 程序的应用,读者可以根据该节内容进行简单 Android 程序的设计。

习题与思考

(1)类与对象之间有什么关系?
(2)什么是表达式?"2"是一个表达式吗?
(3)声明 double 型变量 x、y,并初始化 y 的值为 5.1。
(4)计算下列表达式。
① 21/6;②21%6;③21/6.0;④21%6.0。

(5)构造方法的主要作用是什么？它何时被调用？

(6)包名与目录有什么关系？

(7)Android 程序的入口是什么？

(8)试编写一个简单的 Android 程序,使其能够显示自己的姓名和学号。

第五章 Android 应用程序的界面控件

第一节 Android 中的 Activity

一、Activity 简介

Activity 是 Android 的四大组件之一,也是 Android 中最基本的模块之一。Android 四大组件包括 Acitivity(活动)、Service(服务)、Broadcast Receiver(广播接收器)和 Content Provider(内容提供器)。

Activity 是用来承载用户界面的容器,主要用于与用户进行交互。因此,Activity 主要关注于视图窗体的创建,用户可以通过 setContentView(View)的方法来放置用户 UI。Activity 通常表现为全屏的窗体,也可以其他的形式,如浮动窗体等表现。App 里可见的每一个页面都需要 Activity,页面之间的跳转也通过 Activity 间的跳转来实现。例如登录页面是一个 LoginActivity,注册页面是一个 RegisterActivity,当我们进行由登录页面向注册页面的跳转时,代码实现的则是 LoginActivity 通过 Intent(第六章中将详细介绍)向 RegisterActivity 的跳转。

在新建一个 Android 项目时,通常会默认生成一个 MainActivity,该 Activity 是此时整个项目唯一的页面,也是 App 的启动页面,同时,编程者可以根据项目的需求进行其他 Activity 的新建。

二、Activity 的生命周期

Activity 作为 Android 程序中最重要的组成部分之一,是一个特定于 Android 编程的概念。区别于传统的应用程序开发常以静态 main()方法执行或启动应用程序,Android 应用程序可以通过任何已注册的 Activity 启动。每个 Activity 从创建到结束会经历一个特定的循环周期,即 Activity 的生命周期(Activity Lifecycle)。Activity 的生命周期是以实例化开始和结尾作为架构的,其中包含很多不同的 Activity 状态。每当 Activity 更改状态时,系统会调用相应的生命周期事件方法(生命周期函数),通知即将发生的状态更改的 Activity 并使其能够执行相应代码以适应所做的更改。

在其他编程实践中,大多数应用程序只能在程序入口处指定功能,但是如果应用程序崩溃,或者在已被操作系统终止的情况下,Android 操作系统可以尝试在打开的最后一个

Activity或在先前 Activity 的堆栈内的其他任何位置来重新启动应用程序。此外,当 Activity 处于不活跃状态时,操作系统可能会暂停此类 Activity 并回收,以避免内存不足。Android 程序采用一系列操作系统的方法的调用来实现 Activity 的生命周期,由此避免应用程序不稳定、崩溃、资源膨胀甚至基础操作系统不稳定。同时,此类被调用的方法允许开发人员自主编写,来满足对应用程序的状态和资源管理要求的功能。

在 Activity 的整个生命周期中,系统以一定顺序调用一系列的类金字塔形式的生命周期函数,每个阶段的 Activity 是金字塔中单独的一个步骤(层次)。当系统创建一个新的 Activity 实例后,每调用一个函数,Activity 的状态会向金字塔顶端前进一步。而金字塔最顶端的状态(Resumed 状态)就是 Activity 正在前台运行而且用户正与其交互的状态。当用户开始离开 Activity,系统就会调用其他的方法,使 Activity 的状态往金字塔的底端走,并逐步去除 Activity。在某些条件下,如用户转去了其他应用程序,Activity 只会往底端走一小步并在该处等待,而当用户返回到原 Activity 时在该处的 Activity 也可以重新回到顶端并恢复到原来的状态。图 5-1 是 Activity 生命周期的简化图,类似一个阶梯金字塔。图 5-1 表明了在 Android 程序中,每个状态是怎么样使用回调函数使得 Activity 恢复状态回到顶端,或者降低状态到达底端的。

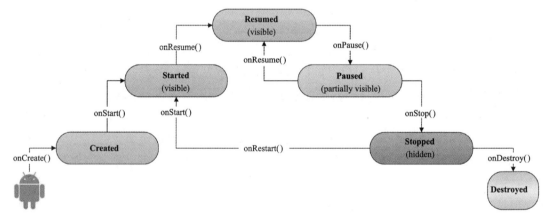

图 5-1　Activity 生命周期简化图

在常见的其他语言平台上,应用程序通常由一个整体构成,程序通过一个函数入口(如主函数 main()),进行各个功能函数部分的调用。而 Android 程序,则由一个个的 Activity 构成的,每个 Activity 只完成单个功能,再由多个 Activity 构建应用(App)的整体。Android 系统的启动代码是在对一个实例化的 Activity 通过调用对应其生命周期的特定阶段的特定回调方法中进行,其中不同系列的方法分别用于启动、注销 Activity。在此种结构下,应用程序可以灵活启动、运行,从而实现一系列的功能。如日常生活中经常使用到的手机分享功能就是常见的应用内启动其他应用程序子功能。当用户想将浏览到的有趣内容分享到微信朋友圈,点击分享按钮后,程序就会自动调用微信 App 中的"朋友圈"子功能。这样,通过使用 Activity 来将程序分块,就具备了功能调用更加灵活的优点。

从 Activity 的创建开始,系统会依次调用 onCreate()、onStart()、onResume()函数,如果需

要暂停、停止和销毁 Activity 时,系统又会根据情况调用 onPause()、onStop() 和 onDestroy() 函数,以上操作称为系统的回调,即 call back(图 5-2)。函数回调是 Android 程序里实现功能的一个非常重要的手段,通常,用户通过调用 API(函数接口)来调用系统内置的函数以实现各种功能,而回调则是指系统在适当的情况下调用用户(编写)的函数来实现特定功能。

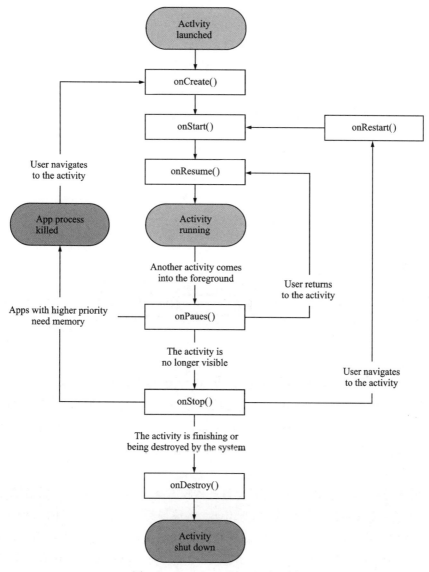

图 5-2　Activity Lifecycle 流程图

系统在 Activity 启动之后,会调用 onCreate() 函数来创建对象。对象创建完毕后,继而进入 onStart() 函数,进行各类资源的准备。可以理解为,当 Activity 呈现在屏幕时,就开始调用 onStart(),而此时,Activity 还没有正式完成活跃,无法与用户进行交互。当 onStart() 将所有资源准备好后,就会调用 onResume(),当完成 onResume() 的调用后,用户才可以与界面进行交互,此时的 Activity 可以被认为在运行状态下。

在 Activity 运行时,如果其他事件被触发进入到前台,如用户选择了其他 Activity 或者其他的 Activity 自动进行弹窗,那么,原本正在运行的 Activity 就会调用 onPause()进入到暂停状态;如果此时该 Activity 是不可见的,即已经进入后台的情况下,系统就会调用 onStop(),将 Activity 停止。另外,如果存在一个具有更高优先级的应用 App 需要内存时,系统中处于暂停和停止状态的 App 都会被终止,即图 5-2 中的"App process killed"。如果用户随后又需要重新调用该 Activity,系统就会重新回到 onCreate()的阶段,重新创建对象,重复先前的循环周期流程。如果此时的 Activity 是在没有被系统关闭的情况下被用户重新调用,系统就会调用 onRestart()函数,重新启动 Activity,并依照循环周期的流程进行处理、控制。而当 Activity 需要被销毁时,系统就会调用 onDestroy()函数将 Activity 关闭。

Android 系统这种基于 Activity 所处状态自主进行判断和处理的方式,有利于 Android 方法的确定与使用,允许操作系统回收内存和资源,提高系统效能。

以下再对 Activity 在其生存期内可能经历的状态以及生命周期函数的调用时机进行简要说明。

Activity 在其生命周期内要经历的状态主要分为 4 组,如图 5-3 所示。

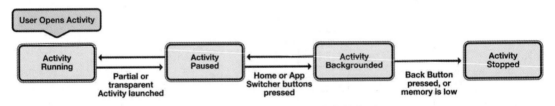

图 5-3　Activity Lifecycle 中状态转换图

(1)活动正在运行(Activity Running)。当 Activity 在前台运行,或在 Activity 的堆栈的顶部时,此时 Activity 将显示在屏幕上,可与用户进行交互,这时,Activity 被视为处于活跃状态。运行状态在 Android 中被视为最高优先级的活动,这种情况仅由操作系统在极端情况下终止,不过处于此类状态的 Activity 将尝试使用比设备上的可用限度更多的内存,而可能导致 UI 无响应。

(2)活动暂停(Activity Paused)。当设备进入睡眠状态,或 Activity 虽然仍然可见,但通过新的、非全尺寸或透明的部分隐藏时,Activity 将被视为已暂停。暂停的 Activity 仍保持活动状态,即维护状态和成员的所有信息,并保持附加到窗口管理器。这在 Android 中被视为第二个所需的资源要求最高优先级的 Activity,如果为了保持操作系统稳定且高度可响应,而要取消正在运行的 Activity,也仅可由操作系统终止。

(3)活动已停止(Activity Backgrounded)。完全被另一个 Activity 遮盖的 Activity 被视为已停止或在后台,此时该 Activity 已对用户不可见。已停止的 Activity 仍保留其状态和成员的信息,以保证重新启动的可能。但已停止的 Activity 被认为是最低优先级的状态,操作系统会为了满足更高优先级的 Activity 的资源需求而终止此状态。

(4)活动销毁(Activity Stopped)。当 Activity 被完全退出或者 App 进程完全退出时,系统将回调 onDestory()方法,将已暂停或停止的 Activity 从内存中删除,即销毁。Activity 将还原到以前保存的状态,如果用户需要启用该 Activity,则会重新启动后向用户显示。

改变 Activity 在其生命周期内状态的函数介绍如表 5-1 所示。

表 5-1 Activity 生命周期函数功能简介

方法	调用时机
onCreate()	在 Activity 对象被第 1 次创建时调用
onStart()	当 Activity 变得可见时,调用该函数
onResume()	当 Activity 开始准备与用户交互时调用该方法
onPause()	当系统将启动另外一个 Activity 之前调用该方法
onStop()	当前 Activity 变得不可见时,调用该方法
onDestroy()	当前 Activity 被销毁之前将会调用该方法
onRestart()	当一个 Activity 没被销毁再次启动时,调用该方法

(1)onCreate()。该方法是 Activity 生命周期的第一个方法,表示 Activity 正在被创建,在该方法中通过 setContentView 方法加载 XML 编写的布局文件,然后通过 findViewById 方法获取控件。

onCreate()方法在 Activity 整个生命周期中只会调用一次,所以通常在该方法中会完成仅需进行一次的工作,如一些变量的初始化、资源的加载、初始化控件以及事件的绑定等。另外,此时 View 还没有加载出来,所以该方法中不能开启动画。

(2)onStart()。该方法表示 Activity 正在启动,虽然此时 Activity 已经看见,但是因为没有展现在前台,没有获取到焦点,所以不能实现与用户的交互。

由于该方法是 Activity 重新回到前台时第一个回调的方法,所以可在该方法中检查某些必需的系统特性是否可用,如网络是否连接、GPS 是否打开等。该方法通常被用于初始化一些变量,不过这些变量将在 Activity 处于前台时才能够被响应。

(3)onResume()。Activity 可见可交互。如果此时 Activity 是重新打开的,就需要在该方法中重新实例化在 onPause()中释放的资源,初始化在前台显示所需的资源,如动画、播放视频。此外,建议在 onResume()中打开独占设备,如相机等。由于在重新打开 Activity 时,首先会暂停原有 Activity,再调用 onCreate()、onStart()、onResume()启动新的 Activity,如果先前的 Activity 已经打开过独占设备(相机),在暂停原有 Activity 时,就可以释放独占设备(相机),再打开的新 Activity 就能够使用独占设备(相机)了。

(4)onPause()。Activity 已经暂停,可见但不在前台,因此也不可交互。

该方法中需要持久化用户数据、停止动画、暂停正在播放的视频等不太耗时的操作,释放部分占用的系统资源(尤其是独占设备),如相机、GPS 等。但是,由于这些工作会大幅度占用系统资源,增加电耗或者流量消耗,设置时可能引起该 Activity 网络连接的断开。此外,因为打开新的 Activity 前会回调旧 Activity 的 onPause()方法,所以 onPause()方法中不可完成过于耗时的操作(如数据库读写、IO 操作),否则新 Activity 在切换时可能出现卡顿现象,这是用户不希望看到的,通常,耗时的清理工作应该放在 onStop()方法中。

(5)onStop()。Activity 即将停止,此时 Activity 不可见。Activity 在此状态时仍然存在于内存中,但是如果系统内存不够,系统接下来很快会销毁该 Activity,耗时的清理工作常放在 onStop()方法中。在极端情况下,系统会直接 kill Activity 且不执行 onDestroy()方法,所以务必在 onStop()方法中就清理掉可能引起内存泄露的资源。当然,系统内存严重不足,导致系统无法保留该进程的极端情况下,onStop()方法可能都不会被执行。

(6)onDestroy()。Activity 即将被销毁。很多情况下 Activity 是不需要定义 onDestroy()方法的,因为在 onPause()和 onStop()中,大多数的清理工作都已经完成了,但是,如果在 onCreate()中定义过后台线程,或者可能引起内存泄露的代码,那就需要在 onDestroy()中清理。如静态对象持有其他 Activity 的引用、广播注销等操作。

(7)onRestart()。Activity 正在被重新启动。在原 Activity 没有销毁且又重新要回到该 Activity 时,会回调 onRestart()方法,紧接着会回调 onStart()方法恢复用户数据。

从以上对 Activity 的生命周期中的回调函数的介绍中可以看出,生命周期函数是成对的,onCreate()和 onDestory()成对,onStart()和 onStop()成对,onResume()和 onPause()成对,实现相应的功能,来进行 Activity 的生命周期中状态间的转换。

三、Activity 的两种界面设计方式

在 App 的启动页面 MainActivity 里,调用了 onCreate()方法来实现一些重要功能。其中包含的 setContentView(R.layout.activity_main)语句,是设置 Activity 的布局文件,所谓布局,即页面视图。语句中的"activity_main"是这个 MainActivity 的布局文件,是 res/layout 文件夹下的 XML 文件,在程序中可以通过 R.layout.xxx 来被使用。

Activity 作为 Android 应用中负责与用户交互的组件,实现了类似于展板的功能,把开发人员设计的界面展示给用户,同时可以响应用户的一些操作(事件响应)。因为开发人员想要传达的所有的功能、设计的 View 都要通过 Activity 才能真正被用户看到,所以 Activity 的界面设计非常重要。一个 Android 应用的界面(UI)是由各个组件组合而成的,开发者只需要创建对应组件的对象,并将其放在一个布局管理器中,就可以实现 View 类对象在 Activity 中的显示。Android 中控制 UI 组件的方式有两种,即通过 XML 布局文件控制和通过 Java 代码控制。

在 XML 文件里定义界面元素,并设置相应属性。该方式的优势是能够使程序较好地将显示代码和逻辑代码分离开来。程序运行时通过逻辑代码实例化布局元素对象并显示。该方式在程序运行中生成界面,不过,虽然增加了灵活性,但显示代码和逻辑代码混杂在一起,不利于提高程序的扩展性。

Android 推荐使用 XML 布局文件控制 UI 组件,这样可以将界面布局和业务实现的代

码分离,使代码看上去更简洁,更利于维护。但是使用 XML 布局文件的缺点是不够灵活,如果程序中需要灵活地创建或者删除组件,那么使用 Java 代码来控制会更方便一些。通常在实际开发中会结合这两种方式,将大部分固定不变的 UI 组件在 XML 文件中布局,而将少部分需要灵活控制的组件放到 Java 代码中去实现。通过两种方式创建的界面布局最后都要在 Activity 中通过 setContentView 方法显示出来。

使用 XML 布局的方式需要在项目工程的 res/layout 目录下新建一个 XML 布局文件,通常布局的最外层是一个布局管理器,开发者可以向布局管理器中添加多个 UI 组件,每个 UI 组件都可以指定一个唯一的 ID 和宽度、高度等属性,在 Java 代码中就可以通过 findViewById(int resId)方法找到对应的组件并创建其对象。

使用 Java 代码布局的方式时,所有的 UI 组件都通过 new 关键字被创建,随后使用一个布局管理器来容纳、管理这些组件。和 XML 布局的方式一样,在代码中同样可以给 UI 组件设置一些属性,如宽度、高度、ID 等。此时,由于所有的布局控制都在代码中进行,所以此种方法不需要 XML 布局文件,在 Activity 中使 setContentView(int layoutResID)的重载方法 setContentView(View)来显示 UI 组件即可。

以上两种 Activity 界面设计方法的效果类同,但是,当界面布局很复杂的时候,使用 Java代码来控制 UI 组件就会让代码整体变得臃肿,所以界面设计通常以 XML 布局为主,Jave 代码布局为辅,根据实际需求来灵活选择。

第二节　人机交互界面组件

人机交互界面(User Interface,UI)是用户和软件进行交互的各种方式集合。Android 中的软件是指 Android 设备上的各种应用、游戏等软件。

Android 系统里的用户界面元素主要有:布局、控件、组合视图、菜单和通知栏等。本节将简要介绍用户界面中的两个重要类的概念。

一、视图组件(View)

Android 的绝大部分 UI 组件都存放在 android.widget 包及其子包和 android.view 包及其子包中。Android 应用的所有 UI 组件都继承自 View 类,即 View 是所有 UI 组件的基类,而 View 组件非常类似于 Swing 编程的 JPanel,它代表一个空白的矩形区域。View 类还有一个重要的子类,即 ViewGroup,通常作为其他组件的容器使用。

Android 的所有 UI 组件都是建立在 View、ViewGroup 基础之上的,Android 采用了"组合器"设计模式来设计 View 和 ViewGroup。由于 ViewGroup 是 View 的子类,因此 ViewGroup 也可被当成 View 使用,对于一个 Android 应用的图形用户界面来说,ViewGroup 作为容器来盛装其他组件,而 ViewGroup 里除了可以包含普通 View 组件之外,还可以再次包含 ViewGroup 组件。Android 的 UI 界面都是由 View 和 ViewGroup 及其派生类组合而成的。Android 的 UI 界面一般结构如图 5-4 所示。

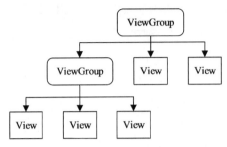

图 5-4　UI 布局视图层次结构

作为容器的 ViewGroup 可以包含作为叶子节点的 View,也可以包含作为更低层次的子 ViewGroup,而子 ViewGroup 又可以包含下一层的叶子节点的 View 和 ViewGroup。事实上,这种灵活的 View 层次结构可以形成非常复杂的 UI 布局,开发者可据此设计、开发非常精致的 UI 界面。

一般来说,开发 Android 应用程序的 UI 界面都不会直接使用 View 和 ViewGroup,而是使用这两大基类的派生类。View 派生出的直接子类有:AnalogClock、ImageView、KeyboardView、ProgressBar、SurfaceView、TextView、ViewGroup 和 ViewStub 等。

View 派生出的间接子类有:AbsListView、AbsSeekBar、AbsSpinner、AbsoluteLayout、AdapterView＜Textends Adapter＞、AdapterViewAnimator、AdapterViewFlipper、AppWidgetHostView、AutoCompleteTextView、Button、CalendarView、CheckBox、CheckedTextView、Chronometer 和 CompoundButton 等。

其中的 ImageView(图像显示)、TextView(文本编辑)、Spinner(下拉菜单)、Button(按键)、CheckBox(勾选框)都是使用频率很高的控件。

二、视图组(ViewGroup)

ViewGroup 是一种特殊的 View,它可以作为容器,容纳其他组件,也可以容纳另一个 ViewGroup。所以 Android 中的几个布局管理器(如 LinearLayout、RelativeLayout 等)都是继承自 ViewGroup。ViewGroup 派生出的直接子类有:AbsoluteLayout、AdapterView＜Textends Adapter＞、FragmentBreadCrumbs、FrameLayout、LinearLayout、RelativeLayout 和 SlidingDrawer 等。

ViewGroup 派生出的间接子类有:AbsListView、AbsSpinner、AdapterViewAnimator、AdapterViewFlipper、AppWidgetHostView、CalendarView、DatePicker、DialerFilter、ExpandableListView、Gallery、GestureOverlayView、GridView、HorizontalScrollView、ImageSwitcher 和 ListView 等。

由于 ViewGroup 继承了 View 类,可以用作普通的 View 类,但 ViewGroup 的主要功能是作为容器类使用。ViewGroup 自身属于抽象类,因此在实际使用中通常使用 ViewGroup

的子类作为容器,即各种布局管理器。

ViewGroup 容器控制其子组件的分布依赖于 ViewGroup. LayoutParams 和 ViewGroup. MarginLayoutParams 两个内部类。该两个内部类中都提供了一些 XML 属性,ViewGroup 容器中的子组件可以指定这些 XML 属性(表 5-2)。

表 5-2 ViewGroup 容器中子组件功能

XML 属性	说明
android:layout_height	指定该子组件的布局高度
android:layout_width	指定该子组件的布局宽度

android:layout_height 和 android:layout_width 两个属性支持如下两个属性值:

(1)match_parent(早期叫 fill_parent),指定子组件的高度、宽度与父容器组件的高度、宽度相同(实际上还要减去填充的空白距离)。

(2)wrap_content,指定子组件的大小恰好能包裹它的内容即可。

在 Android 的布局机制中,Android 组件的大小不仅受它实际的宽度、高度控制,还受它的布局高度与布局宽度控制。例如一个组件的宽度为 30pt,如果将它的布局宽度设置为 match_parent,那么该组件的宽度将会被"拉宽"到占满它所在的父容器;如果将它的布局宽度设置为 wrap_content,那么该组件的宽度才会是 30pt。

ViewGroup. MarginLayoutParams 用于控制子组件周围的页边距(Margin,也就是组件四周的留白),它支持的 XML 属性及相关方法如表 5-3 所示。

表 5-3 ViewGroup. MarginLayoutParams 的功能

XML 属性	相关方法	说明
android:layout_margin	setMargins(int,int,int,int)	指定该子组件四周的页边距
android:layout_marginBottom	setMargins(int,int,int,int)	指定该子组件下边的页边距
android:layout_marginEnd	setMargins(int,int,int,int)	指定该子组件结尾处的页边距
android:layout_marginHorizontal	setMargins(int,int,int,int)	指定该子组件左、右两边的页边距
android:layout_marginLeft	setMargins(int,int,int,int)	指定该子组件左边的页边距
android:layout_marginRight	setMargins(int,int,int,int)	指定该子组件右边的页边距
android:layout_marginStart	setMargins(int,int,int,int)	指定该子组件起始处的页边距
android:layout_marginTop	setMargins(int,int,int,int)	指定该子组件上边的页边距
android:layout_marginVertical	setMargins(int,int,int,int)	指定该子组件上、下两边的页边距

第三节　布局和菜单

一、界面布局设计

一个 Android 软件的用户界面上可以有很多控件元素,这就需要创建容器来容纳这些控件并控制它们的排列位置。Android 系统里的布局就承担着这个作用。布局继承自 ViewGroup,所以本质上它是一种视图容器。布局的 XML 资源文件放在 res/layout 目录下。

Android 布局主要有:线性布局、相对布局、表格布局、框架布局和绝对布局。

(1)线性布局:即包含在布局里面的控件按顺序排列成一行或者一列,可以通过嵌套的方式组合行和列。

(2)相对布局:通过内部子元素指定它们相对于其他元素或父元素的相对位置(通过 ID 指定)关系来构造用户界面的一种布局方式。比如,可以指定几个元素左对齐,或上下对齐,或指定某元素在屏幕中央。

(3)表格布局:使用虚细线将布局划分为行、列和单元格,同时支持同一控件在行、列上有交错排列。rowCount、columnCount 分别设定行数与列数;layout_row、layout_column 分别设定子控件在布局的行数与列数;layout_rowSpan 与 layout_columnSpan 则设定跨行数与跨列数。

(4)框架布局:在界面上预先设定一块空白区域,再进而实现区域内视图组件元素的填充。

(5)绝对布局:通过设定界面绝对的大小、位置属性进行布局。android:layout_width 设定组件宽度,android:layout_height 设定组件高度;android:layout_x 和 android:layout_y 分别设置组件的 x、y 坐标。但是由于开发的应用需要在各种机型上实现适配,使用绝对布局会导致界面的偏移与变形。

二、菜单设计

菜单是常用的用户界面元素,在 Android 系统里提供了 3 种类型的菜单。

(1)选项菜单:当用户单击设备上的菜单按钮,触发事件弹出的菜单就是选项菜单。选项菜单的实现可以通过在 Activity 中重写 onCreateOptionsMenu()方法,在其中使用 getMenuInflater().inflate(R.menu.main,menu)方法导入菜单布局,而 R.menu.main 是 res 的 menu 文件夹下的 XML 文件,是存放菜单的文件夹。

(2)上下文菜单:长按特定界面 View 显示,跟具体的 View 绑定在一起,类似 PC 上鼠标右键菜单。区别于选项菜单对应一个 Activity(Activity 只能拥有一个选项菜单),上下文菜单则是对应 View,每个 View 都可以设置上下文菜单,通常上下文菜单通过依托 ListView 或者 GridView 控件,在 Layout 中添加 ListView 控件后即可以在此基础上创建上下文菜单(图 5-5)。上下文菜单的实现首先需要通过 registerForContextMenu()this.registerFor-

ContextMenu(contextView)方法给 View 注册上下文菜单,然后在 onCreateContextMenu() 方法中添加上下文菜单的内容。

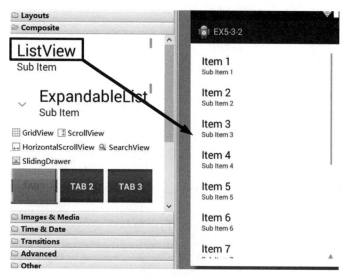

图 5-5　Layout 界面配置示意图

(3)子菜单:将功能相同的操作分组显示,作用在选项菜单上,是选项菜单的二级菜单。选项菜单与上下文菜单都可以加入子菜单,但子菜单不能再嵌套子菜单。带子菜单的菜单显示需要利用 SubMenu.add(groupId,itemId,order,title)方法设定选项及其子选项的识别 groupId,来辨认被点击的菜单项。由于每个子菜单有一个 groupId,所以利用使用 witch 语句,通过识别 groupId 区别被点击的子菜单,进行响应操作。子菜单的实现通常使用重写 onCreateOptionsMenu()方法和重写 onOptionsItemSelected()方法控制点击事件。

【例 5-1】创建一个菜单响应应用。

(1)点击菜单栏后显示:①"这是一个菜单""登录"以及"退出"的选项菜单;②包含两名用户可选项的子菜单的"登录"与"退出"菜单且点击菜单各项后会有响应弹出提示。

(2)长按显示上下文菜单"登录"与"退出"。

要实现例题要求,进行选项菜单的显示,需要在 R.menu.main 的 XML 文件中,添加 item 控件来添加设置选项菜单项。

```
1.< item
2.    android:id= "@ + id/mune_title"
3.    android:orderInCategory= "100"
4.    android:title= "这是一个菜单"/>
5.< item
6.    android:id= "@ + id/mune_ enter "
7.    android:orderInCategory= "100"
8.    android:title= "登录"/>
```

```
9.< item
10.    android:id= "@ + id/mune_out"
11.    android:orderInCategory= "100"
12.    android:title= "退出"/>
```

随后导入菜单布局即可完成选项菜单的显示。

```
1.public boolean onCreateOptionsMenu(Menu menu) {
2.     //导入菜单布局
3.     getMenuInflater().inflate(R.menu.main,menu);
4.     return true;
```

选项菜单的响应需要在 public class MainActivity extends Activity {}中添加如下代码。

```
1.public boolean onOptionsItemSelected(MenuItem item) {
2.//创建菜单项的点击事件
3.switch (item.getItemId()) {
4.case R.id.mune_title:
5.        Toast.makeText(this,"点击了标题",Toast.LENGTH_SHORT).show();
6.break;
7.case R.id.mune_enter:
8.        Toast.makeText(this,"点击了登录",Toast.LENGTH_SHORT).show();
9.
10.break;
11.case R.id.mune_out:
12.        Toast.makeText(this,"点击了退出",Toast.LENGTH_SHORT).show();
13.break;
14.
15.default:
16.break;
17.    }
18.
19.return super.onOptionsItemSelected(item);
20.    }
```

本例中实现的关键代码如下。

```
1.public class MainActivity extends Activity {
2.
3.    ListView listview;//上下文菜单的数据源
4.@ Override
5.protected void onCreate(Bundle savedInstanceState) {
6.super.onCreate(savedInstanceState);
```

```
7.         setContentView(R.layout.activity_main);
8.         showListView();
9.// 注册上下文菜单
10.this.registerForContextMenu(listview);
11.    }
12.
13./* *
14.    * 上下文菜单-加载数据
15.    * /
16.private void showListView() {
17.        listview = (ListView) findViewById(R.id.mune_list);
18.        ArrayAdapter< String> adapter = new ArrayAdapter< String> (this,
19.            android.R.layout.simple_list_item_1,getDate());
20.        listview.setAdapter(adapter);
21.    }
22./* *
23.    * 上下文菜单-创建数据源
24.    * @ return list
25.    * /
26.private ArrayList< String> getDate() {
27.        ArrayList< String> list = new ArrayList< String> ();
28.for (int i = 0; i < 5; i+ + ) {
29.            list.add("菜单" + i);
30.        }
31.return list;
32.    }
33.
34./* *
35.    * 选项菜单 & 子菜单-添加布局
36.    * /
37.public boolean onCreateOptionsMenu(Menu menu) {
38.//导入选项菜单布局
39.        getMenuInflater().inflate(R.menu.main,menu);
40.        SubMenu enterMenu = menu.addSubMenu("用户登录");
41.//添加子菜单项
42.            enterMenu.add(1,1,1,"用户1");
43.            enterMenu.add(1,2,1,"用户2");
44.        SubMenu outMenu = menu.addSubMenu("用户退出");
45.//添加菜单项
46.            outMenu.add(2,1,1,"用户1");
47.            outMenu.add(2,2,1,"用户2");
```

```
48.    return super.onCreateOptionsMenu(menu);
49.  }
50./**
51.  * 添加上下文菜单的菜单项
52.  */
53.public void onCreateContextMenu(ContextMenu menu,View v,
54.         ContextMenuInfo menuInfo) {
55.      menu.setHeaderTitle("上下文菜单");
56.      menu.setHeaderIcon(R.drawable.ic_launcher);
57.//加载上下文菜单内容
58.      menu.add(3,1,1,"登录");
59.      menu.add(3,2,1,"退出");
60.super.onCreateContextMenu(menu,v,menuInfo);
61.  }
62.
63.
64.//创建子菜单点击事件
65.public boolean onOptionsItemSelected(MenuItem item) {
66.if (item.getGroupId() == 1) {
67.switch (item.getItemId()) {
68.case 1:
69.            Toast.makeText(this,"登录用户 1",Toast.LENGTH_SHORT).show();
70.break;
71.case 2:
72.            Toast.makeText(this,"登录用户 2",Toast.LENGTH_SHORT).show();
73.break;
74.default:
75.break;
76.         }
77.         }else if (item.getGroupId() == 2) {
78.switch (item.getItemId()) {
79.case 1:
80.            Toast.makeText(this,"退出用户 1",Toast.LENGTH_SHORT).show();
81.break;
82.case 2:
83.            Toast.makeText(this,"退出用户 2",Toast.LENGTH_SHORT).show();
84.break;
85.default:
86.break;
87.         }
88.         }
```

```
89.return super.onOptionsItemSelected(item);
90.
91.        }
92.
93.//创建上下文菜单点击事件
94.public boolean onContextItemSelected(MenuItem item) {
95.switch (item.getItemId()) {
96.case 1:
97.          Toast.makeText(this,"上下文-登录",Toast.LENGTH_SHORT).show();
98.break;
99.case 2:
100.           Toast.makeText(this,"上下文-退出",Toast.LENGTH_SHORT).show();
101.break;
102.
103.default:
104.break;
105.         }
106.return super.onContextItemSelected(item);
107.       }
108.}
```

例 5-1 应用效果图如图 5-6 所示。

图 5-6　菜单显示效果图

第四节 常用控件及应用实例

一、TextView 控件应用实例

TextView 是在 Android 中显示文字的控件,一般用于界面上的文本显示,继承自 android. view. View,在 android. widget 包中。

【例 5-2】设计一个密码登录界面,使用 TextView 显示提示,引导用户在指定的 EdinText 框内输入登录密码,在"sign in"按钮按下后进行密码确认与用户登录,同时界面具备密码显示与保护勾选项功能。

Android 的 activity_main. xml 文件提供了图形化编程界面,可在图形化编程界面中直接拖动控件摆放、修改属性。拖动控件,配置完成 layout 界面,如图 5-7 所示。

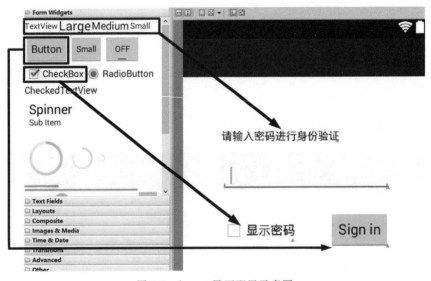

图 5-7　layout 界面配置示意图

返回程序文本界面后,可以观察到 TextView 控件的配置代码如下。

```
1.    < TextView
2.        android:id= "@ + id/textView1"
3.        android:layout_width= "wrap_content"
4.        android:layout_height= "wrap_content"
5.        android:layout_alignBottom= "@ + id/editText1"
6.        android:layout_alignLeft= "@ + id/editText1"
7.        android:layout_marginBottom= "60dp"
8.        android:text= "请输入密码进行身份验证" />
9.< /RelativeLayout>
```

在 TexView 中使用 android:id(第 2 行)给当前控件定义一个唯一的标识符,此处为 textView1,随后可使用 android:layout width 和 android:layout_ height(第 3、4 行)指定控件的宽度和高度。Android 中所有的控件都具备这两个属性,可选值有 match_ parent、fill_ parent 和 wrap_content 3 种。其中 match_ parent 和 fill_ parent 的意义相同,官方更加推荐使用 match_ parent。match_ parent 表示让当前控件的大小和父布局的大小一样,即由父布局来决定当前控件的大小。wrap_ content 表示使当前控件的大小能够刚好包含住所含内容,即由控件内容决定当前控件的大小。以上代码表示的即使控件内容决定当前 TextView 的大小,让 TextView 的宽度和高度都足够包含住里面的内容。除了使用上述值,还可以对控件的宽和高指定一个固定的大小,但是该做法可能会引起在不同手机屏幕上的适配问题。

接下来,通过 android:text 指定 TextView 中显示的文本内容。由于例 5-2 中使用了多种控件,本小节仅关注 TextView 控件,程序运行结果如图 5-8 所示。

界面最上方显示的"请输入密码进行身份验证"文字效果即由控制代码实现。其中,通过 android:textSize 属性可以指定文字大小,通过 android:textColor 属性可以指定文字颜色,在 Android 中字体大小使用 sp 作为单位,如 android:textSize="24sp"。TextView 控件还有诸多其他属性,在此不一一介绍,读者使用时可以查阅相关文档。

图 5-8　TextView 控件运行效果图

二、Button 控件应用实例

Button 是最常用的按钮,继承自 android.widget.TextView,在 android.widget 包中。其常用子类有 CheckBox、RadioButton、ToggleButton。

图形化编程界面中的控件配置如图 5-7 所示,其中 Button 的 android id 为 Button1,为图中的"Sign in"按钮,对 Button 控件进行操作需要在 MainActivity 中为 Button 的点击事件注册一个监听器,代码如下。

```
1.@ Override
2.protected void onCreate(Bundle savedInstanceState) {
3.super.onCreate(savedInstanceState);
4.    setContentView(R.layout.activity_main);
5.
6.    myeditText =  (EditText)findViewById(R.id.editText1);//实例化控件
7.    myCheckBox1 =  (CheckBox)findViewById(R.id.checkBox1);
8.    myButton1 =  (Button)findViewById(R.id.Button1);
9.    findViewById(R.id.Button1).setOnClickListener(new View.OnClickListener()
{    // 事件监听器
10.@ Override
```

```
11.public void onClick(View arg0) {
12.//事件监听器 id 叫 button1 的按键被按下后的响应操作
13.          String signInput = myeditText.getText().toString();
14.if(signInput.equals("232163WSQ")){    //如果密码正确
15.             AlertDialog myBox = new AlertDialog.Builder (MainActivity.this).create();
16.          myBox.setTitle("提示");
17.          myBox.setMessage("正在登录,请稍后…");
18.          myBox.show();//MessageBox 显示提示内容
19.
20.           Intent intent = new Intent (MainActivity.this,MyActivity2_1.class);
21.          startActivity(intent);
22.          MainActivity.this.finish();   //跳转至登录后界面
23.      }
24.else
25.      {
26.          Toast.makeText(MainActivity.this,"密码错误!",Toast.LENGTH_SHORT).show();
27.      }//密码错误 Toast 显示提示内容
28.     }
29.    });
30.  }
```

示例代码中首先定义了 Button 类型的变量来实例化布局文件中的控件 Button1,随后注册了一个按钮监听器,第 11 行的 Public void onClick(View arg0) {}中添加的是按钮按下后系统响应的代码逻辑,以上的代码实例略微复杂,实现了按钮按下后检测用户输入的密码是否正确,判断是否允许系统登录的功能。这样,每当点击按钮时,就会执行监听器中的 onClick()方法,实现各种功能。

三、EditText 控件应用实例

EditText 是程序用于和用户进行交互的另一个重要控件,它允许用户在控件里输入和编辑内容,并可以在程序中对这些内容进行处理。EditText 的应用场景非常普遍,在进行发短信、发微博、QQ 聊天等操作时,都可能使用到 EditText。

控件配置操作与程序运行结果分别如图 5-7、图 5-8 所示,EditText 即是用户输入密码的文本输入框。

常见的人性化软件的文本输入框中会预先显示一些提示性的文字,在用户输入了任何内容后,该提示性的文字就会消失。该种提示功能在 Android 里可以在不需要做任何的逻辑控制的条件下实现。

【例 5-3】配置 EditText 控件在用户输入前显示提示语句"Type anything here"。

在图形化编程界面中拖动控件完成 EdinText 的配置,如图 5-9 所示,返回程序文本界面后,在 xml 文件中添加以下代码段中第 9 行的 android:hint 语句实现文本框提示。

图 5-9 EditText 控件配置示意图

```
1.    < EditText
2.        android:id= "@ + id/editText2"
3.        android:layout_width= "wrap_content"
4.        android:layout_height= "wrap_content"
5.        android:layout_alignParentTop= "true"
6.        android:layout_centerHorizontal= "true"
7.        android:layout_marginTop= "154dp"
8.        android:ems= "10"
9.        android:hint= " Type anything here " />
10.
11.< /RelativeLayout>
```

运行结果如图 5-10 和图 5-11 所示。

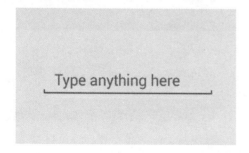 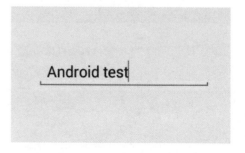

5-10 EditText 控件的文本提示运行结果   图 5-11 输入文本后的 EditText 效果图

四、CheckBox 控件应用实例

android. widget. CheckBox 复选按钮，继承自 android. widget. CompoundButton，在 android. widget 包中。isChecked()方法用来检查是否被选中，对其监听状态的修改，需要添加：

setOnCheckedChangeListener(CompoundButton. OnCheckedChangeListener)；

控件配置示意图如图 5-7 所示。到目前为止，图 5-7 布局界面中的所有控件都已经被介绍，完整的 MainActivity(页面控制代码)的关键代码如下。

```
1.public class MainActivity extends Activity {
2.
3.//声明对象
4.      CheckBox myCheckBox1;
5.      EditText myeditText;
6.      TextView myTextView1;
7.      Button myButton1;
8.      Handler mhandler;
9.
10.@ Override
11.protected void onCreate(Bundle savedInstanceState) {
12.super.onCreate(savedInstanceState);
13.      setContentView(R.layout.activity_main);
14.
15.      myeditText = (EditText)findViewById(R.id.editText1);
16.      myCheckBox1 = (CheckBox)findViewById(R.id.checkBox1);
17.      myButton1 = (Button)findViewById(R.id.Button1);
18.      myCheckBox1.setOnCheckedChangeListener(new CheckBox.OnCheckedChangeListener(){
19.
20.@ Override
21.public void onCheckedChanged(CompoundButton arg0,boolean arg1) {
22.// TODO Auto-generated method stub
23.if(myCheckBox1.isChecked())
24.          {
25./* 设定 EditText 的内容为可见的 */
26.              myeditText.setInputType(128);
27.          }
28.else
29.          {
```

```
30./* 设定 EditText 的内容为隐藏的 */
31.            myeditText.setInputType(129);
32.        }
33.    }
34.    });
35.
36.
37.    findViewById(R.id.Button1).setOnClickListener(new View.OnClickListener() {
38.
39.@Override
40.public void onClick(View arg0) {
41.// TODO Auto-generated method stub
42.//事件监听器 id 叫 button1 的按键被按下安排发生何种事件
43.        String signInput = myeditText.getText().toString();
44.if(signInput.equals("232163WSQ")){
45.            AlertDialog myBox = new AlertDialog.Builder(MainActivity.this).create();
46.            myBox.setTitle("提示");
47.            myBox.setMessage("正在登录,请稍后…");
48.            myBox.show();
49.
50.            Intent intent = new Intent(MainActivity.this,MyActivity2_1.class);
51.            startActivity(intent);
52.            MainActivity.this.finish();
53.        }
54.else
55.        {
56.            Toast.makeText(MainActivity.this,"密码错误!",Toast.LENGTH_SHORT).show();
57.        }
58.    }
59.    });
60.
61.
62.
63.    }
64.
65.}
```

在 MainActivity 代码的第 18 至 34 行中，myCheckBox1.setOnCheckedChangeListener(){}方法就执行了当复选框被勾选时，隐藏用户输入的密码文本的功能代码段。

五、RadioGroup 控件应用实例

RadioButton（单选按钮），实现从一类选项中选择一个功能的控件，配合 RadioGroup 的组件的使用来实现多选一的效果。RdioGroup 是单选组合框，可容纳多个 RadioButton，在没有 RadioGroup 的情况下，RadioButton 可以全部被选中。当多个 RadioButton 被 RadioGroup 包含的情况下，RadioButton 只可以选择一个，从而达到了单选的目的。RadioGroup 同样使用 setOnCheckChangeLinstener()来对单选按钮进行监听。

RadioGroup 控件使用到的函数包含：

（1）RadioGroup.getCheckedRadioButtonId()，该方法可以获取选中的按钮。

（2）RadioGroup.clearCheck()，该方法可以清除选中状态。

（3）setOnCheckedChangeLintener（RadioGroup.OnCheckedChangeListener listener），当一个单选按钮组中的单选按钮选中状态发生改变的时候调用的回调方法。

（4）RadioGroup.check(int id)，该方法可以通过传入 ID 来设置该选项为选中状态。

（5）RadioButton.getText()，获取单选框的值。

值得注意的是，RadioButton 表示单个原型单选框，而 RadioGroup 是可以容纳多个 RadioButton 的容器。每个 RadioGroup 中的 RadioButton 同时只能有一个被选中；不同的 RadioGroup 中的 RadioButton 互不相干，即组 A 的某个选项被选中，组 B 中的选项仍然可以进行多选一。通常，一个 RadioGroup 中至少有两个 RadioButton，而 RadioGroup 起始位置选项的 RadioButton 通常会被默认选中。

而 RadioButton 和前面所学的 CheckBox 的区别在于：

（1）单个 RadioButton 选中之后，通过点击无法变为未选中；单个 CheckBox 在选中后，通过点击可以变为未选中。

（2）一组 RadioButton，只能同时选中一个；一组 CheckBox，能同时选中多个。

（3）RadioButton 在大部分 UI 框架中默认都以圆形表示；CheckBox 在大部分 UI 框架中默认都以矩形表示。

【例 5-4】使用 RadioButton 的单选按钮完成一个班级勾选界面。要求实现班级选项勾选后，并在界面下方实时显示当前选中的班级选项。

在图形化编程界面中拖动 RadioButton、TextView 以及 EditText 控件以完成布局配置，操作示意图如图 5-12 所示。

在 MainActivity 中为 RadioButton 控件设定一个单选按钮值改变触发的监听器，关键控制关键代码如下所示。

第五章　Android 应用程序的界面控件　　87

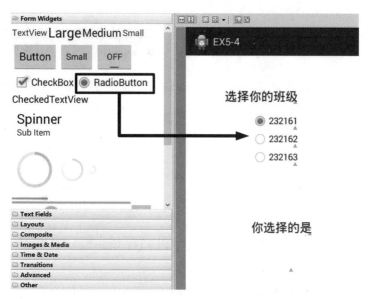

图 5-12　RadioButton 控件布局配置示意图

```
1.myRadioGroup.setOnCheckedChangeListener(new OnCheckedChangeListener(){
2.public void onCheckedChanged(RadioGroup group,int checkedId) {
3.// TODO Auto-generated method stub
4.
5.switch (myRadioGroup.getCheckedRadioButtonId()){
6.case (R.id.radio0):
7.         {
8.             myTextView.setText("232161");
9.break;
10.         }
11.case (R.id.radio1):
12.         {
13.             myTextView.setText("232162");
14.break;
15.         }
16.case (R.id.radio2):
17.         {
18.             myTextView.setText(myRadioButton2.getText());
19.break;
20.         }
21.     }
22.}
23.
24.});
```

程序运行效果如图 5-13、图 5-14 所示。

图 5-13　RadioGroup 控件运行结果 1　　图 5-14　RadioGroup 控件运行结果 2

六、Spinner 控件应用实例

Spinner 控件提供了从一个数据集合中快速选择一项值的办法。默认情况下 Spinner 显示的是当前选择的值，点击 Spinner 会弹出一个包含所有可选值的 dropdown 菜单，从该菜单中可以为 Spinner 选择一个新值。通常，可以通过 OnItemSelectedListener() 的回调方法响应 Spinner 的选择事件。Spinner 有两种显示形式，一种是下拉菜单，另一种是弹出框，菜单显示形式通过 spinnerMode 属性决定的 android:spinnerMode="dropdown" 和 android:spinnerMode="dialog"。

【例 5-5】使用 Spinner 的下拉菜单完成一个籍贯选择界面。要求实现籍贯选项的下拉菜单选择，并在界面下方实时显示当前选中的籍贯选项。

在图形化编程界面中拖动 Spinner、TextView 以及 EditText 控件以完成布局配置，操作示意图如图 5-15 所示。

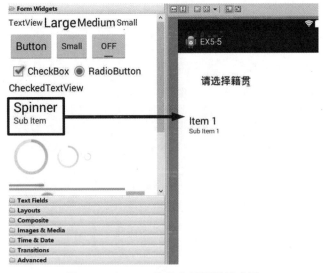

图 5-15　Spinner 控件布局配置示意图

在 MainActivity 中需要完成添加下拉菜单并编辑选项以及为 Spinner 的选中事件安排相应响应操作,关键控制关键代码如下所示。

```
1.public void onCreate(Bundle savedInstanceState) {
2.super.onCreate(savedInstanceState);
3.      setContentView(R.layout.activity_main);
4.//第一步:添加一个下拉列表项的list,这里添加的项就是下拉列表的菜单项。
5.      list.add("湖南");
6.      list.add("山东");
7.      list.add("四川");
8.      list.add("海南");
9.      list.add("湖北");
10.      list.add("陕西");
11.      myTextView = (TextView)findViewById(R.id.textView1);
12.      mySpinner = (Spinner)findViewById(R.id.spinner1);
13.//第二步:为下拉列表定义一个适配器,这里就用到里前面定义的list。
14.      adapter = new ArrayAdapter< String> (this,android.R.layout.simple_spinner_item,list);
15.//adapter = new ArrayAdapter< String> (this,android.R.layout.simple_spinner_item,myItems);
16.//第三步:为适配器设置下拉列表下拉时的菜单样式。
17.      adapter.setDropDownViewResource(android.R.layout.simple_spinner_dropdown_item);
18.//第四步:将适配器添加到下拉列表上。
19.      mySpinner.setAdapter(adapter);
20.//第五步:为下拉列表设置各种事件的响应,这个事响应菜单被选中。
21.      mySpinner.setOnItemSelectedListener(new Spinner.OnItemSelectedListener(){
22.public void onItemSelected(AdapterView< ? > arg0,View arg1,int arg2,long arg3) {
23.// TODO Auto-generated method stub
24./* 将所选 mySpinner 的值代入 myTextView 中* /
25.          myTextView.setText("您选择的是:"+ adapter.getItem(arg2));
26./* 将 mySpinner 显示* /
27.          arg0.setVisibility(View.VISIBLE);
28.      }
29.public void onNothingSelected1(AdapterView< ? > arg0) {
30.// TODO Auto-generated method stub
31.          myTextView.setText("NONE");
32.          arg0.setVisibility(View.VISIBLE);
33.      }
34.public void onItemSelected1(AdapterView< ? > arg0,View arg1,int arg2,long arg3) {
```

```
35.        // TODO Auto-generated method stub
36.
37.        }
38.    @Override
39.    public void onNothingSelected(AdapterView< ? > arg0) {
40.        // TODO Auto-generated method stub
41.
42.        }
43.        });
44.    }
```

程序运行效果如图 5-16 和图 5-17 所示,分别展示了 Spinner 下拉菜单可以采用的 dropdown 和 dialog 两种格式。不过值得注意的是,在 activity_main.xml(图 5-15)中布局界面设定 TextView 的"请选择籍贯"内容在程序运行时没有显示,这是因为 Spinner 默认选择了菜单中的第一项,并通过 MainActivity 中的代码(第 25 行)调用 setText()方法更改了显示项。

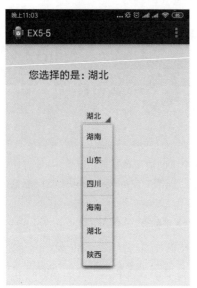 

图 5-16　Spinner 控件 dropdown 运行效果图　　图 5-17　Spinner 控件 dialog 运行效果图

七、MessageBox 应用实例

MessageBox()实现显示一个消息对话框的功能。

使用 MessageBox(text,title{,icon{,button{,default}}})方法。该方法创建、显示和操作一个消息框。消息框含有应用程序定义的消息和标题,加上预定义图标与 Push(下按)按钮的任何组合。其中参数意义如下:

(1)title:string 类型,指定消息对话框的标题。

(2)text:指定消息对话框中显示的消息,该参数可以是数值数据类型、字符串或

boolean 值。

(3)icon：Icon 枚举类型，可选项，指定要在该对话框左侧显示的图标。

(4)button：Button 枚举类型，可选项，指定显示在该对话框底部的按钮。

(5)default：数值型，可选项，指定作为缺省按钮的按钮编号，按钮编号自左向右依次计数，缺省值为 1，如果该参数指定的编号超过了显示的按钮个数，那么 MessageBox()函数将使用缺省值返回值 Integer。函数执行成功时返回用户选择的按钮编号(例如 1、2、3 等)，发生错误时返回－1。如果任何参数的值为 NULL，MessageBox()函数返回 NULL。

当应用程序需要显示一段简短信息(如显示出错、警告等信息)时，没有必要自己从头创建窗口、安排控件，使用 MessageBox()函数既简单又方便。用户只有响应该窗口后，程序才能继续运行下去。

代码示例参考本章第四节 CheckBox 控件实例中 MainActivity.Java 代码中的第 44 到 57 行，AlertDialog myBox = new AlertDialog.Builder(MainActivity.this).create(); 及其后续的 myBox 框架下的 set 与 show()方法。程序运行效果如图 5-18 所示。

八、Toast 控件应用实例

在进行交互设计时，常需一些反馈手段，以提示用户操作的结果，Toast 是其中很常用的一种：简单、小巧、对用户的打扰小。Toast 优先适用于系统提示，在屏幕下方出现，但是不能被划出屏幕外(而被清除)。通常使用 makeText(Context context, CharSequence text, int duration)方法设置 Toast。Context 设置上下文；text 表示提示的文本信息；duration 控制显示时长，有 LENGTH_ SHORT 和 LENGTH LONG。使用 show()方法弹出显示。

代码示例参考本章第四节 CheckBox 控件实例中 MainActivity.Java 代码中的第 56 行，显示效果如图 5-19 所示。不过 Toast 在使用时还可以自定义，显示本地图片、文字资源，读者可以查阅资料，尝试实现。

图 5-18　MessageBox 控件运行效果图

图 5-19　Toast 控件运行效果图

第五节 小 结

本章介绍了 Activity 及其生命周期,讲解了用户界面常用的布局和控件,并用实际代码演示了基本用法。

第一节重点讲解了 Activity 在生命周期中的存在状态与生命周期函数,介绍了 Activity 的两种界面设计方法并对其进行了分析。第二节引入了视图组件的定义与视图组的概念。第三节重点介绍了最常用的线性布局和相对布局,并演示了基本写法和展示了示例图,介绍了选项菜单、上下文菜单和子菜单 3 种菜单的用法。第四节介绍了 8 种常用控件,并给出了代码详解,其他控件的使用方法读者可以按需自学。

习题与思考

(1)什么是生命周期?简述 Activity 生命周期的 4 种状态,以及状态之间的转换关系。
(2)什么是回调?简述 Activity 事件回调函数的作用和调用顺序。
(3)简述 Android 5 种界面布局的特点。
(4)简述 Android 系统 3 种菜单的特点及其使用方式。

第六章　Intent 的应用

Intent 的中文意思是"意图,意向"。实际上,Intent 负责对应用中一次操作中的动作、动作涉及数据、动作附加数据进行描述,Android 则根据 Intent 的描述,负责找到对应的组件,将 Intent 传递给调用的组件,并完成组件的调用。因此,Intent 起着一个中介的作用,专门提供组件互相调用的相关信息,实现调用者与被调用者之间的交互。

本章将讲述 Intent 的构成、作用、分类以及如何实现,并通过拨号程序和收发短信两个实例讲解 Intent 的用法。

第一节　Intent 的构成

Intent 不仅可用于应用程序之间,也可用于应用程序内部的 Activity/Service 之间的交互。可以理解为信使,用来协助完成 Android 各组件之间的通信。Intent 在 Android 中的核心作用就是"跳转",同时可以携带必要的信息,将 Intent 作为一个信息桥梁。最熟悉的莫过于从一个活动跳转到另一个活动,然后返回到上一个活动。

一个 Intent 对象是一个信息包。它包含了要接收此 Intent 的组件需要的信息(例如需要的动作和动作需要的信息)和 Android 系统需要的信息(要处理此 Intent 的组件的类别和怎样启动它)。

一、Component Name

Component Name 是处理 Intent 的组件名称。此字段是一个 ComponentName object,它是目标组件的完整限定名(包名+类名),例如:com. android. test. TestActivity。

该字段是可选的。如果设置了此字段,那么 Intent Object 将会被传递到这个组件名所对应的目标组件中。如果没有设置此字段,Android 会用 Intent object 中的其他信息去定位到一个合适的目标组件中。

Component Name 可以通过 setComponent()、setClass()或者 setClassName()进行设置,并用 getComponent()进行读取。

二、Action

Action 为一个字符串,代表要执行的动作。Intent 类中定义了许多动作常量,如表 6-1 所示。

表 6-1　Intent 类中定义的动作常量

Constant(常量)	Target Component(目标组件)	Action(动作)
ACTION_CALL	Activity	初始化一个电话呼叫
ACTION_EDIT	Activity	显示用户要编辑数据
ACTION_MAIN	Activity	初始化操作,无输入无输出
ACTION_SYNC	Activity	在设备上同步服务器的数据
ACTION_BATTERY_LOW	Broadcast Receiver	警告设备电量低
ACTION_HEADSET_PLUG	Broadcast Receiver	插入或者拔出耳机
ACTION_SCREEN_ON	Broadcast Receiver	打开移动设备屏幕
ACTION_TIMEZONE_CHANGED	Broadcast Receiver	移动设备时区发生变化

其他的动作定义在 Android API 中,用户也可以自己定义 Action 来激活组件。自定义的 Action 应该包含包名作为前缀,例如:"com.example.project.SHOW_COLOR"。

Action 很大程度上决定 Intent 余下部分的结构,特别是 Data 和 Extras 两个字段,就像一个方法的方法名通常决定了方法的参数和返回值。基于这个原因,应该给 Action 命名一个尽可能明确的名字。可以通过 setAction() 设置 Action,并用 getAction() 进行获取。

三、Data

Data 属性由两部分构成,即数据 URI 和数据 MIME type。Action 的定义往往决定了 Data 该如何定义。例如:如果一个 Intent 的 Action 为 ACTION_EDIT,那么它对应的 Data 应该包含待编辑数据的 URI 。如果一个 Action 为 ACTION_CALL,那么 data 应该为 tel (电话号码的 URI)。如果一个 action 为 ACTION_VIEW,那么 data 应该为 http · URI,接收到的 Activity 将会下载并显示相应的数据。

当一个 Intent 和有能力处理此 Intent 的组件进行匹配时,除了 Data 的 URI 以外,了解 Data 的类型(MIME Type)也很重要。例如:一个显示图片的组件不应该去播放声音文件。

setData()方法只能设置 URI,setType() 只能设置 MIME type,setDataAndType() 可以对二者都进行设置,获取 URI 和 Data Type 可分别调用 getData() 和 getType() 方法。

四、Category

Category 为一个字符串,包含了处理该 Intent 的组件的种类信息,对 Action 起到补充说明的作用。

一个 Intent 对象可以有任意多个 Category。和 Action 一样,在 Intent 类中也定义了几个 Category 常量,如表 6-2 所示。

可以使用 addCategory() 添加一个 Category,用 removeCategory() 删除一个 Category,

用 getCategorys()获取所有的 Category。

表 6-2　种类常量

Constant(常量)	Meaning(意义)
CATEGORY_BROWSABLE	目标 Activity 可以用浏览器显示数据
CATEGORY_GADGET	此 Activty 可以被包含在另外一个转载小工具的 Activity 中
CATEGORY_HOME	此 Activity 显示主屏幕,即用户打开设备或按下主键时看到的第一个屏幕
CATEGORY_LAUNCHER	可以让一个 Activity 出现在 Launcher
CATEGORY_PREFERENCE	此 Activity 是一个选项面板
CATEGORY_DEAULT	此 Activity 是否可以接收到隐式 Intent。说明除了程序入口点的 Filter 不需要包含 DEFAULT 之外,其余所有的 Activity 都要包含 DEFAULT;因为如果那些 Activity 不包含 DEFAULT,将无法接收到主 Activity 的任何调用命令。如 SecondActivity 中必须包含包名和 DEFAULT 的 Category

五、Extras

Extras 键-值对形式的附加信息。例如:ACTION_TIMEZONE_CHANGED 的 Intent 有一个"time-zone"附加信息来指明新的时区,而 ACTION_HEADSET_PLUG 有一个"state"附加信息来指示耳机是插入还是拔出。

Intent 对象有一系列 put()和 set()方法来设定和获取附加信息,这些方法和 Bundle 类很像。事实上附加信息可以使用 putExtras()和 getExtras()作为 Bundle 类来读写。

六、Flags

Flags 指各种各样的标志,许多标志指示 Android 系统如何去启动一个 Activity(如该 Activity 属于哪个任务)和启动 Activity 之后如何对待它(如它是否属于最近的 Activity 列表)。所有这些标志都定义在 Intent 类中。

第二节　Intent 的作用

Android 应用程序中的其他组件 Activity(活动)、Service(服务)、Broadcast Receiver(广播接收器),都是通过 Intent 运行。对于这 3 种组件,发送 Intent 有不同的机制,如表 6-3 所示。

表 6-3　不同组件的 Intent 处理方式

核心组件	调用方法	作用
Activity	Context. startActiviy() Activity. startActivityForResult()	要启动一个新的 Activity,或者向一个已有的 Activity 传递新的指令
Service	Context. startService()	启动一个 service 或者传递一个新的指令到正在运行的 service 中
Broadcast Receiver	Context. sendBroadcast() Context. sendOrderedBroadcast() Context. sendStickyBroadcast()	对所有想接收指令的 Broadcast Receiver 传递指令

在以上的 3 种情况下,当 Intent 被传递出后,Android 系统会找到适合的 Activity、Service 或者是多个 Broadcast Receiver 去响应这个 Intent。需要读者注意的是,这 3 种情况不会存在重叠的部分,它们相互独立,互不干扰。

一、无参数 Activity 跳转

实现从 MyActivity 直接切换到 MainActivity,其中 MyActivity 和 MainActivity 为已经设置好的类名。需要注意的是,这两个 Activity 一定要先在 AndroidManifest.xml 中注册了才能在虚拟机或安卓手机中打开。

关键代码如下。

```
1.Intent intent = new Intent(MyActivity.this,MainActivity.class);
2./* 建立 Intent 对象,指明跳转的起点和终点* /
3.    startActivity(intent);//启动 Intent
4.    MyActivity.this.finish();//关闭起点 Activity
```

二、带参数 Activity 跳转

带参数 Activity 跳转和无参数 Activity 跳转类似,但是带参数 Activity 跳转实现了数据传递,注意 Bundle 对象可以存放一个键和对应的对象。而 Intent 对象也可以用键值对的方式存放 Bundle 对象,从而实现在 MainActivity 和 MyActivity 之间传递数据。

第一个 Activity 关键代码如下。

```
1.Intent intent = new Intent(MainActivity.this,MyActivity.class);
2./* 建立 Intent 对象,指明跳转的起点和终点* /
3.Bundle mybundle = new Bundle();
4.mybundle.putString("input",text3);//数据打包
5.intent.putExtras(mybundle);//数据传递
6.startActivity(intent);//启动 Intent
7.MainActivity.this.finish();    //关闭起点 Activity
```

第二个 Activity 关键代码如下。

```
1.Bundle mybundlepg1 = this.getIntent().getExtras();
2.result = mybundlepg1.getString("input");
3.myEditText1.setText(result);//获取数据
```

第三节　Intent 的分类

按照 Intent 的处理方式,Intent 可以分为显式 Intent 和隐式 Intent 两类。显式 Intent 可以用 setComponent()方法来确定要打开的活动的名称。而隐式 Intent 就是要通过一些属性值的设定,通过过滤器的过滤筛选出合适的活动来打开,只有属性完全匹配的活动才能被打开。

一、显式 Intent

显式 Intent,即直接指定需要打开的 Activity 对应的类。显式 Intent 通过 Component 可以直接设置需要调用的 Activity 类,可以唯一确定一个 Activity,意图特别明确,所以是显式的。以下多种方式都是一样的,实际上都是设置 Component 直接指定 Activity 类的显式 Intent,由 MainActivity 跳转到 SecondActivity。

(1)构造方法传入 Component(最常用的方式)。

```
1.Intent intent = new Intent(this,SecondActivity.class);
2.startActivity(intent);
```

(2)setComponent 方法。

```
1.ComponentName componentName = new ComponentName(this,SecondActivity.class);
2./* 或者 ComponentName componentName = new ComponentName
3.(this,"com.example.app016.SecondActivity");*/
4./* 或者 ComponentName componentName = new ComponentName
5.(this.getPackageName(),"com.example.app016.SecondActivity")* /
6.Intent intent = new Intent();
7.intent.setComponent(componentName); startActivity(intent);
```

(3)setClass/setClassName 方法。

```
1.Intent intent = new Intent();
2.intent.setClass(this,SecondActivity.class);
3.//或者 intent.setClassName(this,"com.example.app016.SecondActivity");
```

```
4./* 或者 intent.setClassName(this.getPackageName(),
5."com.example.app016.SecondActivity");* /
6.startActivity(intent);
```

二、隐式 Intent

隐式 Intent 是通过在清单文件中配置 IntentFilter 来实现的,它一般用在没有明确指出目标组件名称的前提下,当一个应用要激活另一个应用中的 Activity 时(看不到源代码),只能使用隐式意图,根据 Activity 配置的意图过滤器建一个意图,让意图中的各项参数的值都跟过滤器匹配,这样就可以激活其他应用中的 Activity。Android 系统会根据隐式意图中设置的动作(Action)、类别(Category)、数据(URI 和数据类型)找到最合适的组件来处理这个意图。隐式 Intent 一般是用于在不同应用程序之间,如果想隐式 Intent 不被跨应用启动只需要在 AndroidManifest.xml 对应的 Activity 中配置 android:exported="false"即可。

第四节　Intent 的实现

从上一节知道,Intent 分为显式和隐式两种,两种 Intent 实现方式不同。显式 Intent 通过设定目标组件的 Component 名称来实现,常用于自己应用内部的消息传递,比如应用程序中启动一个相关的 Service 或者启动一个同级别其他 Activity。如果开发者不知道其他应用的 Component 名称或 Component 名称为空时,则需要实用隐式 Intent。隐式 Intent 的实现需要激活其他应用中的组件,Android 找到处理这个 Intent 的最合适组件(集合),通过 Intent Filter,比较 Intent 对象和组件关联结构,选择处理哪些 Intent。Intent Filter 跟据目标组件能响应的意图类型决定能处理的 Intent。让目标组件对外部事件做出响应的是 Intent Receiver,例如电话呼入时通知用户。需要注意的是,使用 Intent Filter 和 Intent Receiver 需要先进行注册。Intent 有 3 个方面作用于 Intent Receiver,包括 Action、Data (URI 部分和数据类型部分)和 Category。

一、Intent Filter

应用程序的核心组件(活动、服务和广播接收器)通过意图被激活。组件通过意图过滤器(Intent Filter)通知它们所具备的能力,即能响应的意图类型。由于 Android 系统在启动一个组件前需知道该组件能够处理哪些意图,意图过滤器需要在 Manifest 中以＜Intent-filter＞标签指定。一个组件可以拥有多个过滤器,且每一个描述不同的能力。

一个显式命名目标组件的意图将会激活的那个组件,过滤器不起作用。但是一个没有指定目标的意图只在它通过组件过滤器过滤时才能激活该组件。

同其他组件一样,Android 提供了两种生成 Intent Filter 的方式。一种是通过 Intent Filter 类生成,另一种是通过在应用程序的清单文件(AndroidManifest.xml)中定义<Intent-filter>生成。

当发送一个隐式 Intent 后,系统会将它与设备中的每一个组件的过滤器进行匹配,匹配属性有 Action、Category、Data 3 个,需要这 3 个属性都匹配成功才能唤起相应的组件。接下来分别介绍 Action、Category 和 Data 的匹配规则。

(1)Action 匹配规则。一个过滤器可以不声明 Action 属性,也可以声明多个 Action 属性。隐式 Intent 中的 Action 属性,与组件中的某一个过滤器的 Action 能够匹配(如果一个过滤器声明了多个 Action 属性,只需要匹配其中一个就行),这样就算匹配成功。如果过滤器没有声明 Action 属性,那么只有没有设置 Action 属性的隐式 Intent 才能匹配成功。

(2)Category 匹配规则。一个过滤器可以不声明 Category 属性,也可以声明多个 Category 属性。隐式 Intent 中声明的 Category 必须全部能够与某一个过滤器中的 Category 匹配才算匹配成功,也就是说,过滤器的 Category 属性内容必须是大于或者等于隐式 Intent 的 Category 属性,隐式 Intent 才能匹配成功。如果一个隐式 Intent 没有设置 Category 属性,那么它可以通过任何一个过滤器的 Category 匹配。

(3)Data 匹配规则。一个过滤器可以不声明 Data 属性,也可以声明多个 Data 属性。每个 Data 属性都可以指定数据的 URI 结构和数据 MIME 类型。URI 包括 scheme、host、port 和 path 4 个部分,host 和 port 合起来为 authority(host:port)部分。

二、Intent Receiver

隐式 Intent 传递的消息需要 Receiver(接收),在使用 Receiver(接收)之前,需要将其注册到系统中。Android 提供了 Java 和 XML 两种方式实现 Intent Receiver 注册。使用 Java 注册首先创建 IntentFilter 和 Receiver 对象,然后在需要注册的地方调用 Context.registerReceiver 进行注册。同样,可使用 Context.unregisterReceiver 取消注册。使用 XML 注册首先需要在 AndroidManifest.xml 的 application 的 receiver 标签中使用 andriod:name 属性指定接收器的名字,然后在 intent-filter 中添加相应的行为、类别或者类型:

```
< receiver android:name= ".MyReceiver">
< intent-filter>
< action android:name= "android.provider.Telephony.SMS_RECEIVED"/>
< /intent-filter>
< /receiver>
```

当 Intent Filter 的行为同广播的 Intent 匹配时,系统执行该广播接收器的 onReceive 方法。需要注意的是,应用程序会弹出应用无响应(Application No Response)的对话框。不需要在收到广播 Intent 之前启动 Receiver,该接收器会在匹配广播 Intent 的时候被激活。这种特殊的处理方式适合资源管理,可通过这种方式创建、关闭或销毁的事件驱动应用程序,并以安全的方式对广播事件做出响应。

三、设置 Activity 许可

当在 Android 新建 Activity 时,需要在 AndroidManifest.xml 中设置许可。设置 Acitvity 许可方法有两种。

第一种方法是直接添加代码在清单文件(AndroidManifest.xml)中。

<activity android:name="MyActivity"></activity>

第二种方法是在清单文件(AndroidManifest.xml)中的 Application 中进行设置,点击"Add...",选择"Activity",如图 6-1 所示。同时在右边的"Attributes for MyActivity"选项栏的第一行"Name*"对应的选项框点击"Browse...",选择需要添加的 Activity,如图 6-2 所示。Activity 许可设置完毕,如图 6-3 所示。

图 6-1 设置许可第一步

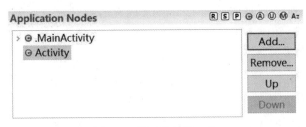

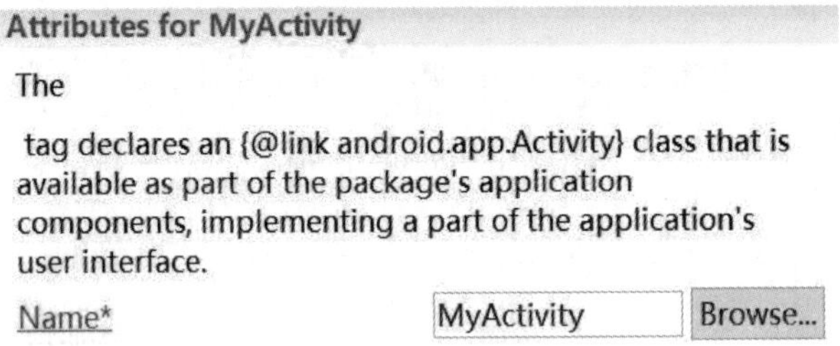

图 6-2 设置许可第二步

图 6-3 设置许可最终效果图

四、无参数 Activity 跳转实例

从前文可以知道实现无参数 Activity 的关键代码,现在用两个实例来比较不用 Intent 实现的跳转和利用 Intent 实现的跳转。

【例 6-1】不用 Intent 实现的跳转。

不用 Intent 实现的跳转其实就是利用一个 Activity 中的两个 Layout 进行跳转,设置一个 Button 监听器,当按下 Button 时,程序从第一页跳转到第二页。

Activity 代码如下。

```
1.public class MainActivity< myButton>  extends Activity {
2.Button myButton;//变量定义
3.
4.@ Override
5.protected void onCreate(Bundle savedInstanceState) {
6.super.onCreate(savedInstanceState);
7.    setContentView(R.layout.activity_main);//显示 activity_main 界面内容
8.    myButton= (Button)findViewById(R.id.button1);//引用控件
9.    myButton.setOnClickListener(new Button.OnClickListener(){
10.
11.@ Override
12.public void onClick(View v){
13.
14.    setContentView(R.layout.activity_main2);//显示 activity_main2 界面内容
15.    }});//设置监听器
16.    }
```

本例定义了两个 Layout,即 activity_main 和 activity_main2,第一个 Layout 通过 Button 监听器调用第二个 Layout,用 setContentView 方法(),该方法的作用是根据 main.xml 文件中的配置代码来设置 Activity 的界面内容。本例没有实现真正的 Activity 之间的跳转,只是在一个 Activity 中设置两个 Layout 进行的跳转。运行结果如图 6-4、图 6-5 所示。

图 6-4　第一个 Layout　　　　图 6-5　第二个 Layout

【例 6-2】利用 Intent 实现的跳转。

利用 Intent 实现的跳转其实就是分别利用两个 Actitvity 中的两个 Layout 进行跳转，所以当一个 Activtity 调用另外一个 Activity 时需要用到 Intent。设置一个 Button 监听器，当按下 Button 时，程序从第一页跳到第二页，读者可以观察一下本例和例 6-1 的区别。

第一个 Activity 代码如下。

```
1.public class MainActivity extends Activity {
2.Button myButton;//变量定义
3.@ Override
4.protected void onCreate(Bundle savedInstanceState) {
5.super.onCreate(savedInstanceState);
6.    setContentView(R.layout.activity_main);//显示 activity_main 界面内容
7.    myButton = (Button) findViewById(R.id.button1);//引用控件
8.    myButton.setOnClickListener(new OnClickListener(){
9.@ Override
10.public void onClick(View arg0) {
11.// TODO Auto-generated method stub
12.       Intent intent = new Intent(MainActivity.this,MyActivity.class);
13./* 建立 Intent 对象,指明跳转的起点和终点*/
14.       startActivity(intent);//启动 Intent
15.       MainActivity.this.finish();//关闭起点 Activity
16.     }});//设置监听器
17.   }
```

第二个 Activity 代码如下。

```
1.public class MyActivity extends Activity {
2.   Button myButton;//变量定义
3.@ Override
4.protected void onCreate(Bundle savedInstanceState) {
5.super.onCreate(savedInstanceState);
6.    setContentView(R.layout.mylayout);//显示 activity_main 界面内容
7.    myButton = (Button) findViewById(R.id.button1);//引用控件
8.
9.    myButton.setOnClickListener(new OnClickListener(){
10.
11.@ Override
12.public void onClick(View arg0) {
13.// TODO Auto-generated method stub
```

```
14.                    Intent intent = new Intent(MyActivity.this,MainActivity.
class);
15./* 建立 Intent 对象,指明跳转的起点和终点* /
16.                    startActivity(intent);//启动 Intent
17.                    MyActivity.this.finish();//关闭起点 Activity
18.               }});//设置监听器
19.      }
```

本实例定义了两个 Activity,即 MainActivity 和 MyActivity,两个 Activity 之间使用 Intent 相互调用。Button 负责生成单击事件的监听器,当按钮的单击事件发生时,程序会用 Intent 对象调用另一个 Activity,实现跳转。使用 Intent 的跳转是利用两个 Activity 中的两个 Layout 实现翻页,例 6-1 只是在一个 Activity 中使用两个 Layout 实现翻页。需要注意的是:使用 Intent 实现跳转,需要在 AndriodManifest.xml 中注册权限。运行结果如图 6-6、图 6-7 所示。

图 6-6　第一个 Activity　　　　图 6-7　第二个 Activity

五、带参数 Activity 跳转实例

从前文可以知道实现带参数 Activity 跳转的关键代码,现在用一个实例来解释如何实现带参数的 Activity 跳转。

【例 6-3】用 Intent 实现的带参数的 Activity 跳转。

用 Intent 实现带参数的 Activity 跳转其实是第一个 Activity 利用 Intent 把参数传给第二个 Activity。设置一个 Button 监听器,输入两个数字,当按下 Button 时,程序从第一页跳到第二页,第二页显示第一页的计算结果。

第一个 Activity 代码如下。

```
1.public class MainActivity extends Activity {
2.//变量定义
3.    EditText myEditText1,myEditText2;
4.    Button myButton;
5.    String text1,text2,text3;
6.float add1,add2,result;
7.
8.@ Override
9.protected void onCreate(Bundle savedInstanceState) {
10.super.onCreate(savedInstanceState);
11.    setContentView(R.layout.activity_main);
12.//引用控件
13.    myEditText1 = (EditText) findViewById(R.id.editText1);
14.    myEditText2 = (EditText) findViewById(R.id.editText2);
15.    myButton = (Button) findViewById(R.id.button1);
16.
17.//设置监听器
18.    myButton.setOnClickListener(new OnClickListener (){
19.@ Override
20.public void onClick(View arg0) {
21.// TODO Auto-generated method stub
22.        text1 = myEditText1.getText().toString();
23.        text2 = myEditText2.getText().toString();
24.
25.        add1 = Float.valueOf(text1).floatValue();
26.        add2 = Float.valueOf(text2).floatValue();
27.
28.        result = add1 + add2;
29.        text3 = String.valueOf(result);
30.
31.        Intent intent = new Intent(MainActivity.this,MyActivity.class);
32.//数据打包
33.        Bundle mybundle = new Bundle();
34.        mybundle.putString("input",text3);
35.//数据传递
36.        intent.putExtras(mybundle);
37.//启动另一个Activity
38.        startActivity(intent);
39.        MainActivity.this.finish();
40.    }});
41.    }
```

第二个 Activity 代码如下。

```
1. public class MyActivity extends Activity {
2. //变量定义
3.     EditText myEditText1;
4.     Button myButton;
5.     String result;
6.
7. @ Override
8. protected void onCreate(Bundle savedInstanceState) {
9. super.onCreate(savedInstanceState);
10.        setContentView(R.layout.mylayout);
11. //引用控件
12.        myEditText1 = (EditText) findViewById(R.id.editText1);
13.        myButton = (Button) findViewById(R.id.button1);
14. //获取数据
15.        Bundle mybundlepg1 = this.getIntent().getExtras();
16.        result = mybundlepg1.getString("input");
17.
18.        myEditText1.setText(result);
19.
20. //设置监听器
21.        myButton.setOnClickListener(new OnClickListener (){
22.
23. @ Override
24. public void onClick(View arg0) {
25. // TODO Auto-generated method stub
26.            Intent intent = new Intent(MyActivity.this,MainActivity.class);
27.            startActivity(intent);
28.            MyActivity.this.finish();
29.        }});
30.    }
```

本例定义了两个 Activity，即 MainActivity 和 MyActivity，两个 Activity 之间使用 Intent 传递参数。本例与例 6-2 相似，可以说是在无参数 Activity 跳转实现的基础之上，多加了 Bundle 类的使用。如果 Activity 之间需要进行参数传递，可利用 Bundle 类实现。Bundle 对象表建立了将关键字（标识）同其值（传递的数据）的映射关系，可通过 Bundle 类的 put String()方法将数据封装到 Bundle 对象中。put String()方法的第一参数就是传递数据的关键字，可通过 put String()方法取得关键字对应的数据。运行结果如图 6-8、图 6-9 所示。

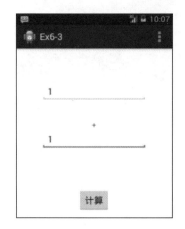 

图 6-8　第一个 Activity　　　　图 6-9　第二个 Activity

第五节　应用实例

一、拨号程序

Android 提供的基本功能之一是拨号，其实是利用打电话的底层应用 ACTION_CALL 实现的。

【例 6-4】用 Activity 调用 Intent 实现拨号功能。

本例其实是利用打电话的底层应用 ACTION_CALL 实现的，设置 Button 监听器，当按下 Button 时，虚拟机开始拨打设置好的电话号码。

Activity 代码如下。

```
1.public class MainActivity extends Activity {
2.    Button myButton;//变量定义
3.@ Override
4.protected void onCreate(Bundle savedInstanceState) {
5.super.onCreate(savedInstanceState);
6.        setContentView(R.layout.activity_main);
7.    myButton =  (Button)findViewById(R.id.button1);//引用控件
8.
9.    myButton.setOnClickListener(new OnClickListener(){
10.public void onClick(View arg0) {
11.
12.    Intent intent = new Intent();//建立 Intent 对象
13.    intent.setAction(Intent.ACTION_CALL);
14.    intent.setData(Uri.parse("tel:15100000000"));
15.    startActivity(intent);//启动 Intent
16.
17.    }});//设置监听器
18.    }.
```

本例使用了 Button 负责生成单击事件的监听器，当按钮的单击事件发生时，程序会用 Intent 对象调用 ACTION_CALL 底层应用。需要注意的是：首先要在 Manifest.xml 中设置许可，系统才能激活 ACTION_CALL 应用。

设置许可有两种方法。第一种方法是直接添加代码在清单文件（AndroidManifest.xml）中。

<uses-permission android:name="android.permission.CALL_PHONE"/>

第二种方法是在清单文件（AndroidManifest.xml）中的 Permissions 中运行设置，点击"Add"，在下拉菜单中选择"CALL_PHONE"，如图 6-10 所示。拨号后，可以选择停止。运行结果如图 6-11～图 6-13 所示。

图 6-10　设置许可

图 6-11　Layout 界面

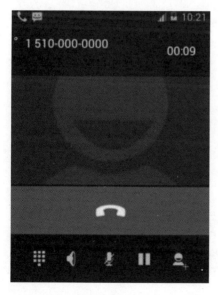

图 6-12　调用 ACTION_CALL

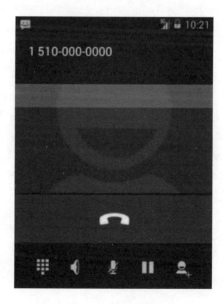

图 6-13　停止拨号

二、收发短信

Android 提供的另一基本功能是收发短信,其实是利用收发短信的底层应用 SEND_SMS 实现的。

【例 6-5】用 Activity 调用 Intent 实现收发短信功能。

收发短信其实是利用收发短信的底层应用 SEND_SMS 实现的,设置 Button 监听器,当按下 Button 时,发短信的虚拟机显示"发送完毕"信息,收短信的虚拟机收到设置好内容的短信。

Activity 代码如下。

```
1.public class MainActivity extends Activity {
2.Button myButton;//变量定义
3.@ Override
4.protected void onCreate(Bundle savedInstanceState) {
5.super.onCreate(savedInstanceState);
6.     setContentView(R.layout.activity_main);
7.     myButton =  (Button)findViewById(R.id.button1);//引用控件
8.
9.     myButton.setOnClickListener(new OnClickListener(){
10.@ Override
11.public void onClick(View v) {
12.// TODO Auto-generated method stub
13.          String mobile = "5554";
14.          String content = "testing...";

15.          SmsManager smsManager = SmsManager.getDefault();
16.//ArrayList< String> texts = smsManager.divideMessage(content);
17.          smsManager.sendTextMessage(mobile,,content,,);
18.//for(String text:texts){
19.// smsManager.sendTextMessage(mobile,null,content,null,null);
20.//}
21.          Toast.makeText(getApplicationContext(),
22."发送完毕",Toast.LENGTH_SHORT).show();
23.       }});//设置监听器
24.    }
```

本例使用了 Button 负责生成单击事件的监听器,当按钮的单击事件发生时,调用 smsManager 实现收发短信功能,调用 Toast 出现一个对话框,显示"发送完毕"信息。需要注意的是:需要两个虚拟机实现收发短信,一个虚拟机发送短信,另一个虚拟机接收短信,还需要在 Manifest.xml 中注册权限。运行结果如图 6-14、图 6-15 所示。

图 6-14 发送短信

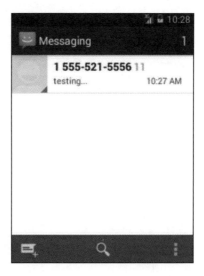
图 6-15 接收短信

第六节 小 结

本章介绍了 Intent 的构成、作用、分类以及如何实现,并通过拨号程序和收发短信两个例子讲解 Intent 的用法。

第一节 Intent 的构成主要介绍了 Intent 由 Component Name、Action、Data、Category、Extras、Flags 等属性构成,并介绍了各属性的含义及作用。第二节主要介绍了 Activity 如何利用 Intent 进行无参数跳转和带参数跳转的关键代码。第三节主要介绍了 Intent 分为显示 Intent 和隐式 Intent 两类。显式 Intent 通过 Component 可直接设置需要调用的 Activity 类;而隐式 Intent 需要进行一些属性值的设定,通过 Intent Filter 筛选出合适的 Activity。第四节 Intent 的实现主要介绍了 Intent Filter、Intent Receiver 以及如何设置 Activity 许可,用两个简单实例说明如何利用第二节的关键代码实现无参数 Activity 跳转和带参数 Activity 跳转。第五节用两个实例更加深入地介绍了 Intent 的用法。

习题与思考

(1)Intent 的构成是什么? Intent 的作用是什么?

(2)如何实现无参数 Activity 跳转和带参数 Activity 跳转？有什么区别？

(3)实现无参数 Activity 跳转有几种方法？分别是什么？有什么区别？

(4)参考本章第五节，拨号程序是通过 Intent 调用 ACTION_CALL 实现的，也可以用 Intent 调用 ACTION_DIAL 实现，思考该如何实现并比较两者的区别。

(5)参考本章第五节，思考收发短信程序如何实现短信拆分功能？

第七章　Android 数据存储技术

第一节　文件存储技术

　　文件存储是 Android 中最基本的一种数据存储方式,该方式不对存储的内容进行任何的格式化处理,只将所有数据原封不动地保存到文件当中,因而较为适用于存储简单的文本数据或二进制数据。当使用者需要使用文件存储的方式来保存一些较为复杂的文本数据时,则需要自定义一套格式规范,以便实现存储之后的文件数据重新解析。

　　文件存储由 Context 类提供的 openFileInput()和 openFileOutput()方法打开,主要分为内部存储和外部存储两种。内部存储通常使用 FileInputStream 类中的 openFileInput()方法,用于读取数据;使用 FileOutputStream 类中的 openFileOutput()方法,用于写入数据。外部存储主要使用 Enviroment 类中的 getExternalStorageDirectory()方法对外部存储上的文件进行读写。

一、内部存储写入文件

　　Context 类中提供了用于将数据存储到指定的文件中的 openFileOutput()方法。该方法接收两个参数,第一个参数为文件名,即在文件创建时用以对文件命名的名称,且由于所有的文件都是默认存储到/data/data/<packagename>/files/ 目录下的,此时指定的文件名应当不包含路径。第二个参数为文件的操作模式,有 MODE_PRIVATE 和 MODE_APPEND 两种模式可选。其中 MODE_PRIVATE 是默认的操作模式,表示当指定同样文件名的时候,所写入的内容将会覆盖原文件中的内容,而 MODE_APPEND 则表示如果该文件已存在就往文件里面追加内容,不存在就创建新文件。其实,文件的操作模式原本还有 MODE_WORLD_READABLE 和 MODE_WORLD_WRITEABLE 两种,但是这两种模式允许其他的应用程序对我们程序中的文件进行读写操作,容易引发应用的安全性漏洞,现已在 Android 4.2 版本中被废弃。

　　通常,openFileOutput()方法返回的是一个 FileOutputStream 对象,得到了这个对象之后就可以使用 Java 流的方式将数据写入到文件中了。对于文件存储的写入与读取,将通过例 7-1 进行具体的讲解。

二、内部存储读取文件

类似于将数据存储到文件中，Context 类中还提供了一个 openFileInput()方法，用于从文件中读取数据。此方法比 openFileOutput()略微简单，它只接收一个参数，即要读取的文件名，系统会自动到/data/data/<package name>/files/目录下查询加载该文件，并返回一个 FileInputStream 对象，得到该对象后再通过 Java 流的方式就可以将数据读取出来。

【例 7-1】编写文件存储的写入与读取应用，在按键控制下对键入内容进行文件存储与文件读取。

实现例 7-1 中的要求，首先需要完成 Activity 布局(图7-1)。

其次需要在 AndroidManifest.xml 文件中给应用注册文件存储与读写的权限。关键代码如下。

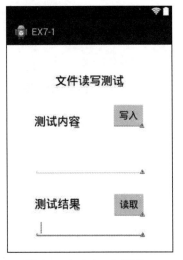

图 7-1　Activity 布局图

```
1.< uses-permission android:name= "android.permission.WRITE_EXTERNAL_STORAGE"/
>
2.< uses-permission android:name= "android.permission.MOUNT_UNMOUNT_FILESYS-
TEMS"/
```

最后需要在 MianActivity.Java 文件中对"写入"与"读取"控制按键进行按键监听，分别进行文件存储写入与文件内容读取的操作并进行响应提示。在按键监听器函数中分别调用了"写入"与"读取"功能的函数 public boolean write(String content)与 public boolean read()。

"写入"与"读取"功能函数的关键代码如下。

```
1.public boolean write(String content)
2.    {
3. if ( Environment. getExternalStorageState ( ). equals ( Environment. MEDIA_
MOUNTED))
4.        {
5.try {
6.          File sdCardDir= Environment.getExternalStorageDirectory();
7.          File qst= new File(sdCardDir.getCanonicalPath()+ FILENAME);
8.          FileOutputStream fos= new FileOutputStream(qst);
9.          fos.write(content.getBytes());
10.          fos.close();
11.
12.          temp= true;
13.return temp;
14.        }catch (IOException e) {
15.// TODO Auto-generated catch block
```

```
16.            e.printStackTrace();
17.        }
18.    }
19.else
20.    {
21.        temp= false;
22.    }
23.return temp;
24.  }
25.
26.
27.public boolean read()
28.  {
29.if(Environment.getExternalStorageState().equals(Environment.MEDIA_MOUNT-
ED))
30.    {
31.try{File sdCardDir= Environment.getExternalStorageDirectory();
32.        FileInputStream fis= new FileInputStream(sdCardDir.getCanonical-
Path()+ FILENAME);
33.          BufferedReader br = new BufferedReader (new InputStreamReader
(fis));
34.        StringBuilder sb= new StringBuilder();
35.        String line= null;
36.while((line= br.readLine())! = null)
37.        {
38.            sb.append(line);
39.        }
40.        text= sb.toString();
41.        br.close();
42.        temp= true;
43.        }
44.catch(Exception e)
45.        {
46.          e.printStackTrace();
47.      }
48.      }else
49.      {
50.        temp= false;
51.      }
52.return temp;
53.   }
54.}
```

在 public boolean write(String content)函数中,通过 openFileOutput()方法得到一个 FileOutputStream 对象,然后再借助它构建出一个 OutputStreamWriter 对象,接着再使用 OutputStreamWriter 构建出一个 BufferedWriter 对象,通过 BufferedWriter 来将文本内容写入到 Environment 类下的 getExternalStorageDirectory()方法查询或创建的设定好名称的文件中。

public boolean read()函数的实现过程也类似,首先通过 openFileInput()方法获取到 FileInputStream 对象,随后借助它构建出一个 InputStreamReader 对象,再使用 InputStream-Reader 构建出一个 BufferedReader 对象,通过 BufferedReader 进行一行行地读取,将文件中所有的文本内容全部读取出来并存放在一个 StringBuilder 对象中,最后将读取到的内容返回(图 7-2)。

图 7-2 文件写入—读取效果图

第二节　SQLite 数据库技术

一、数据库基本概念

数据库(Database,DB),就是存放数据的仓库,这个仓库是电子化的,在计算机存储设备上,按一定格式来存放的。严格地说,数据库是"按照数据结构来组织、存储和管理数据的仓库"。它是长期储存在计算机内、有组织的、可共享的大量数据集合。数据库中的数据是按一定数据模型组织、描述和存储的,具有较小的冗余度、较高的数据独立性和易扩展性,并为某个用户所共享。

数据库系统于 20 世纪 60 年代萌芽。当时计算机开始广泛地应用于数据管理,对数据的共享提出了越来越高的要求,数据库由此而产生。数据管理是数据库的核心任务,内容包括对数据的分类、组织、编码、储存、检索和维护。当时,传统的文件系统已经不能满足人们的需要,能够统一管理和共享数据的数据库管理系统(Database Management System,DBMS)应运而生。数据库的设计提供了数据的类型、逻辑结构、联系、约束和存储结构等有关数据的描述,这些描述被称为数据模型。数据模型是数据库系统的核心和基础,各种 DBMS 软件都是基于某种数据模型的。所以通常也按照数据模型的特点将传统数据库系统分成网状数据库(Network Database)、层次数据库(Hierarchical Database)和关系数据库(Relational Database)3 类。

随着计算机硬件和软件的发展,数据库技术也不断地发展。随着信息技术和市场的发展,特别是 20 世纪 90 年代以后,数据管理不再仅仅是存储和管理数据,而转变成用户所需要的各种数据管理的方式。数据库有很多种类型,从最简单的存储有各种数据的表格到能够进行海量数据存储的大型数据库系统,都在各个方面得到了广泛的应用。

数据库系统一般由数据库、数据库管理系统及其开发工具、应用系统、数据库管理员(Datebase Administrator,DBA)组成。数据库系统用专门的软件对数据文件进行操作,不用编程就可以实现对数据文件的处理,使操作更方便、更安全,并能保证数据的完整性、一致性。

数据库管理系统是为管理数据库而设计的电脑软件系统,一般具有存储、截取、安全保障、备份等基础功能。数据库管理系统可以依据它所支持的数据库模型来分类,如关系式、XML;也可以依据所支持的计算机类型来分类,如服务器群集、移动电话;还可以依据所用查询语言来分类,如 SQL、XQuery。

数据库的管理包括建立、存储、修改和读取数据库中信息,是为了保证数据库系统的正常运行和服务质量,有关人员须进行的技术管理工作。负责这些技术管理工作的个人或集体称为数据库管理员。数据库管理的主要内容有:数据库的建立、数据库的调整、数据库的重组、数据库的重构、数据库的安全控制、数据的完整性控制和对用户提供技术支持。

要建立可运行的数据库,需进行下列工作:

(1)选定数据库的各种参数,例如最大的数据存储空间,缓冲块的数量、并发度等。这些参数可以由用户设置,也可以由系统按默认值设置。

(2)定义数据库,利用数据库管理系统(DBMS)所提供的数据定义语言和命令,定义数据库名、数据模式、索引等。

(3)准备和装入数据,定义数据库仅仅建立了数据库的框架,要建成数据库还必须装入大量的数据,这是一项浩繁的工作。在数据的准备和录入过程中,必须在技术和制度上采取措施,保证装入数据的正确性。计算机系统中原已积累的数据,要充分利用,尽可能转换成数据库的数据。

目前比较常用的数据库分为大型数据库和小型数据库。大型数据库有 Oracle、SQL Server 等;小型数据库有 Access、MySQL、DB2、SQLite 等。

二、SQLite 数据库简介

(一)SQL 语言

1974 年,IBM 的 Ray Boyce 和 Don Chamberlin 将 Codd 提出的关于数据库的 12 条准则的数学定义以简单的关键字语法表现出来,里程碑式地提出了结构化查询语言(Structured Query Language,SQL)。1986 年,美国国家标准局(ANSI)把 SQL 作为关系数据库语言的美国标准,同年公布了标准 SQL 文本。SQL 可以与标准的编程语言一起工作。自产生之日起,SQL 便成了检验关系数据库的试金石,而 SQL 语言标准的每一次变更都指导着关系数据库产品的发展方向。数据库和各种产品都使用 SQL 作为共同的数据存取语言和标准的接口,使不同数据库系统之间的互操作有了共同的基础,进而实现异构机和各种操作环境的共享与移植。

SQL 是一种数据库查询和程序设计语言,用于存取数据以及查询、更新和管理关系数据库系统。

SQL 是高级的非过程化编程语言,允许用户在高层数据结构上工作。它不要求用户指定对数据的存放方法,也不需要用户了解具体的数据存放方式,所以具有完全不同底层结构的不同数据库系统,可以使用相同的结构化查询语言作为数据输入与管理的接口。SQL 语句可以嵌套,这使它具有极大的灵活性和强大的功能。

SQL 语言的功能包括查询、操纵、定义和控制,它是一个综合的、通用的关系数据库语言,同时又是一种高度非过程化的语言,只要求用户指出"做什么"而不需要指出"怎么做"。SQL 集成实现了数据库生命周期中的全部操作,提供了与关系数据库进行交互的方法。SQL 基本上独立于数据库本身、使用的机器、网络和操作系统,基于 SQL 的 DBMS 产品可以运行在从个人机、工作站到基于局域网、小型机和大型机的各种计算机系统上,具有良好的可移植性。

(二)SQL 组成

SQL 由以下几方面组成。

(1)数据查询语言(Data Query Language,DQL),数据查询语言用以从表中获得数据,确定数据怎样在应用程序给出。

(2)数据操作语言(Data Manipulation Language,DML),分别用于添加、修改和删除表中的行。

(3)事务处理语言(Transaction Processing Language,TPL),确保被 DML 语句影响的表的所有行及时得以更新。

(4)数据控制语言(Data Control Language,DCL),通过 GRANT 或 REVOKE 获得许可,确定单个用户和用户组对数据库对象的访问。某些 RDBMS 可用 GRANT 或 REVOKE 控制对表单个列的访问。

(5)数据定义语言(Data Definition Language,DDL),在数据库中创建新表或删除表(CREAT TABLE 或 DROP TABLE),为表加入索引等。

(6)指针控制语言(Cursor Control Language,CCL),用于对一个或多个表单独行的操作。

(三)SQL 特点

(1)综合统一。SQL 是集数据定义、数据操作和数据控制于一体,语言风格统一,可独立完成数据库生命周期的所有活动。

(2)高度非过程化。SQL 语言是高度非过程化语言,当进行数据操作时只需要指出"做什么",无需指出"怎么做",存储路径对用户来说是透明的,提高了数据的独立性。

(3)面向集合的操作方式。SQL 语言采用面向集合的操作方式,其操作队形、查找结果可以是元组的集合。

(4)两种使用方式。第一种(自含式语言):用户可以在终端键盘输入 SQL 命令,对数据进行操作;第二种(嵌入式语言):将 SQL 语言嵌入到高级语言程序中。

(5)语言简洁、易学易用。SQL 语言功能极强,完成核心功能只用"9 个动词",包括如下

4 类：① 数据查询，SELECT；② 数据定义，CREATE、DROP、ALTER；③ 数据操作，INSERT、UPDATA、DELETE；④ 数据控制，GRANT、REVOKE。

(四)SQL 语句定义

1. 数据查询

数据查询是数据库的核心操作。SQL 语言提供了 SELECT 语句进行数据库的查询，下面给出 SELECT 语句的主要使用格式：

SELECT [ALL|DISTINCT] <目标列表达式>[,<目标列表达式>]...

FROM <表名或视图名>[,<表名或视图名>]

[WHERE <条件表达式>]

[GROUP BY <列名1>]

[HAVING<条件表达式>]

[ORDER BY <列名2>[ASC|DESC]]

各语句的作用如表 7-1 所示。

表 7-1　SQL 查询语句

语句	作用
SELECT 子句	指定查询返回的列
FROM 子句	指定进行检索的表
WHERE 子句	用于限制返回行的搜索条件
GROUP BY 子句	指定查询结果的分组条件
HAVING 子句	指定组或聚合的搜索条件，与 GROUP BY 同时使用
ORDER BY 子句	指定结果集的排序

2. 数据定义

(1)创建表，利用 CREATE 语句。

CREATE TABLE<表名>(<列名><数据类型>[列级完整性约束条件(NULL|U-NIQUE)]

<列名><数据类型>[,列级完整性约束条件]……

[,<表级完整性约束条件>]);

(2)修改表，利用 ALTER 语句。

ALTER TABLE<>[ADD<新列名><数据类型>[完整性约束条件]]

[DROP<完整性约束条件>]

[MODIFY<列名><数据类型>];

(3)删除表，利用 DROP 语句。

DROP TABLE<表名>

3. 数据操作

(1)插入,利用 INSERT 语句。

INSERT INTO <基本表名(字段名[,字段名]...)>

VALUES <常量[,常量]...>查询语句

INSERT INTO <基本表名(列表名)>

SELECT 查询语句

(2)删除,利用 DELECT 语句。

DELECT FROM 基本表名

[WHERE 条件表达式]

(3)修改,利用 UPDATA 语句。

UPDATA 基本表名

SET 列名=值基本表达式(,列名=值基本表达式...)

[WHERE 条件表达式]

4. 数据控制

(1)授权语句,利用 GRANT 语句来赋予用户权限。

GRANT <权限[,权限]...>[ON<对象类型><对象名>]TO<用户名[,用户名]>

[WITH GRANT OPTION]

(2)收回权限语句,利用 REVOKE 语句。

REVOKE<权限[,权限]>...[ON<对象类型><对象名>]

FROM<用户[,用户]>...;

5. SQLite 数据库

SQLite 是一款轻型数据库,是一个遵守 ACID(原子性、一致性、隔离性和持久性)的关系型数据库。

SQLite 是一个进程内的库,实现了自给自足的、无服务器的、零配置的、事务性的 SQL 数据库引擎,不需要在系统中配置。SQLite 不像常见的客户端或者服务端结构的数据库,它将整个数据库作为一个单独的、可跨平台使用的文件存储在主机中。采用了写入数据将整个数据库文件加锁的简单设计,写操作只能串行进行,但是读操作可以多任务同时进行。这使得 SQLite 能够很方便地使用在嵌入式产品中。

SQLite 实现了多数 SQL-92 标准,但是某些特性(如仅部分支持触发器)被移除了。同时,SQLite 支持大多数的复杂查询,但 ALTER TABLE 功能只能添加和重命名列,不能修改或删除列,因此当需要修改、删除表的列名时,只能通过重新创建表的方式进行。SQLite 不进行类型检查,可以把字符串插入到整数列中。

总的来说,SQLite 是一款面向嵌入式的轻型数据库,具有以下优点:

(1)零配置,无需安装和配置。

(2)存储在单一磁盘文件中的一个完整数据库。

(3)数据库文件可以在不同字节顺序的机器间自由共享。

(4)支持数据库大小至 2TB。

(5) 足够小，全部源代码大致 3 万行 C 语言代码，250KB。
(6) 比目前流行的大多数数据库对数据的操作要快。
(7) 开源，用户能够获得源代码。

图 7-3 展示了 SQLite 的基本结构。SQLite 数据库采用模块化设计，主要被分割为两个部分，前端解析系统和后端引擎。

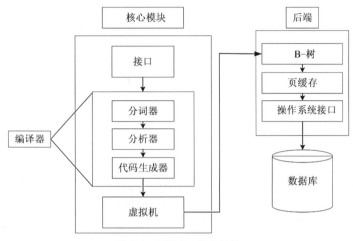

图 7-3　SQLite 基本结构

在使用数据库的技术后，如果 SQLite 中的任何限制会影响应用程序的使用，那么应该考虑使用完善的 DBMS。如果可以解除这些限制问题，并且对快速灵活的嵌入式开源数据库引擎有需要，则应重点考虑使用 SQLite。

能够真正表现 SQLite 优越性能的领域是 Web 站点，可以使用 SQLite 管理应用程序数据、快速应用程序原型制造和培训工具。由于资源占用少、性能良好和零管理成本，嵌入式数据库大量使用到 SQLite，它将为以前无法提供用作持久数据的后端数据库的应用程序提供高效的性能，如今已没有必要使用文本文件来实现持久存储。SQLite 之类的嵌入式数据库的易于使用性可以加快应用程序的开发，并使得小型应用程序能够完全支持复杂的 SQL。

三、使用 SQLite 数据库

（一）安装 SQLite 数据库

首先，在 SQLite 的官方网站找到所需要的 SQLite 数据库。下载对应配置的数据库，图 7-4 就是官方网站给出的 Windows 32 位和 64 位操作系统对应的 SQLite 数据库。

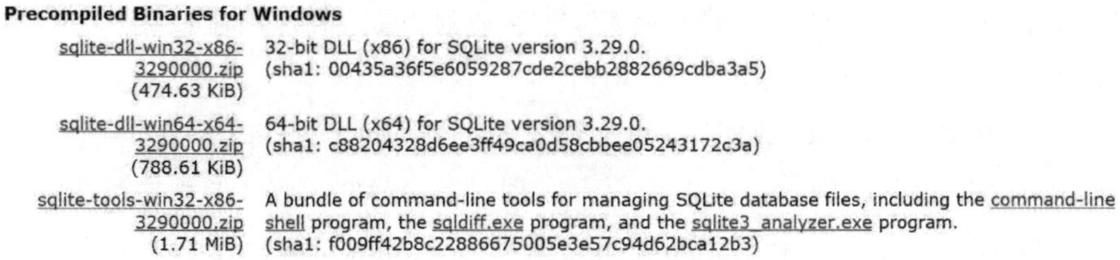

图 7-4　SQLite 下载

下载完成后，解压会得到如图 7-5 的 3 个应用程序，代表数据库已经下载好了。

其次，需要配置 PATH 环境变量。如图 7-6 所示，在"环境变量"对话框中找到"Path"变量，选中后点击"编辑"按钮，在弹出的"编辑环境变量"对话框中点击"新建"，然后输入 SQLite 解压后的文件夹所在路径，完成 PATH 环境变量的配置。

图 7-5　SQLite 数据库程序

图 7-6　配置 PATH 环境变量

最后，配置好环境变量后，在命令提示符（cmd）中输入 sqlite3，如图 7-7 所示，如果出现如图 7-8 的提示，说明 sqlite3 数据库已经能够使用了。

（二）使用 SQLite 数据库

【例 7-2】创建一个简单的学籍管理系统，能够通过 SQL 语言创建数据库和实现学生学籍信息，如姓名、年龄和住址数据的增加和删除。

在 Eclipse 中调用 SQLite 数据库，首先需要先创建一个数据库，然后再进行数据操作，最后通过 App 添加数据。创建一个工程用于实现对数据库的操作，工程文件下目录如图 7-9 所示。其中，AddData.java 用于实现增加数据，DBHelper.java 用于管理数据库的创建和版本的更新，QueryActivity.java 用于删除数据。

命令提示符
Microsoft Windows [版本 10.0.17134.885]
(c) 2018 Microsoft Corporation。保留所有权利。
C:\Users\10493>sqlite3

图 7-7　测试环境变量

命令提示符 - sqlite3
Microsoft Windows [版本 10.0.17134.885]
(c) 2018 Microsoft Corporation。保留所有权利。
C:\Users\10493>sqlite3
SQLite version 3.29.0 2019-07-10 17:32:03
Enter ".help" for usage hints.
Connected to a
Use ".open FILENAME" to reopen on a persistent database.
sqlite>

图 7-8　配置成功

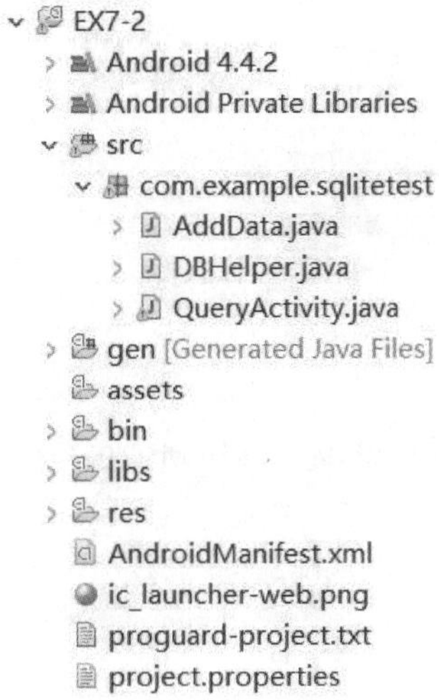

EX7-2
Android 4.4.2
Android Private Libraries
src
com.example.sqlitetest
AddData.java
DBHelper.java
QueryActivity.java
gen [Generated Java Files]
assets
bin
libs
res
AndroidManifest.xml
ic_launcher-web.png
proguard-project.txt
project.properties

图 7-9　文件目录

1. 创建数据库

在 SQLite 数据库的使用中,数据库提供了一个帮助类——SQLiteOpenHelper,SQLiteOpenHelper 用来管理数据库的创建和版本的更新。在 Eclipse 中,一般是建立一个类来继承它,并实现它的 onCreate()和 onUpgrade()方法。帮助类的具体方法作用如表 7-2 所示。

表 7-2 SQLiteOpenHelper 类介绍

方法名	方法描述
SQLiteOpenHelper(Context context, String name, SQLiteDatabase.CursorFactory factory, int version)	构造方法,一般是传递一个要创建的数据库名称
onCreate(SQLiteDatabase db)	创建数据库时调用
onUpgrade(SQLiteDatabase db, int oldVersion, int newVersion)	版本更新时调用
getReadableDatabase()	创建或打开一个只读数据库
getWritableDatabase()	创建或打开一个读写数据库

继承 SQLiteOpenHelper 中的方法后,通过调用这些方法来完成创建数据库和管理数据库。如下代码就是创建数据库使用到的语句。

```
1.public class DBHelper extends SQLiteOpenHelper {
2.private static final int VERSION = 1;//定义数据库版本号
3.private static final String DBNAME = "SQLiteTest.db"; //定义数据库名
4.
5.public DBHelper(Context context) {//定义构造函数
6.//参数 上下文 数据库名称 cosor 工厂 版本号
7.     super(context,DBNAME,null,VERSION);//重写基类的构造函数
8.   }
9.
10.   @Override
11.public void onCreate(SQLiteDatabase db) {//创建数据库
12.//姓名,年龄,地址
13.     db.execSQL("create table SQLiteTest (name varchar(200),age varchar(10),date varchar(10))");
14.   }
15.
16.   @Override
```

```
17.public void onUpgrade(SQLiteDatabase db,int oldVersion,int newVersion) {//更
新数据库
18.//本方法主要用于更新数据库 通过对当前版本的判断 实现数据库的更新
19.          }
20.}
```

在上面的代码中,先是定义了操作类的构造函数,这就相当于完成了数据库操作类和相应数据库的"绑定"操作。也就是说在任何一个 Context(如 Activity)之中实例化数据库操作类的对象,那么就可以对表进行操作。这样一来,不同的 Activity 要对同一个表进行操作就变得非常简单了。然后就可以定义一些"增删改查"的操作了。

2. 数据操作

通过一个帮助类完成数据库的建立之后,需要通过 SQLite 数据库操作语句来实现数据操作。数据库的基本操作包括添加、修改、查询和删除,在例 7-2 中只介绍了数据的添加和删除,通过 SQLiteDatabase 提供的多种方法,可以完成数据的修改、查询等其他操作。比较常用的方法如表 7-3 所示。

表 7-3 常用方法

方法名	含义
(int) delete(String table,String whereClause, String[] whereArgs)	删除数据行的便捷方法
(long) insert(String table, String nullColumnHack,ContentValues values)	添加数据行的便捷方法
(int) update(String table, ContentValues values, String whereClause,String[] whereArgs)	更新数据行的便捷方法
(void) execSQL(String sql)	执行一个 SQL 语句,可以是一个 select 或其他的 sql 语句
(void) close()	关闭数据库
(Cursor) query(String table,String[] columns, String selection,String[] selectionArgs, String groupBy,String having,String orderBy, String limit)	查询指定的数据表返回一个带游标的数据集
(Cursor) rawQuery(String sql, String[] selectionArgs)	运行一个预置的 SQL 语句,返回带游标的数据集(与上面的语句最大的区别就是防止 SQL 注入)

在 QueryActivity.Java 中,利用了以上方法来完成数据的删除,实现代码如下。

```
1.public class QueryActivity extends ListActivity {
2.private ListView listView;
3.private Cursor c;
4.@ Override
5.protected void onCreate(Bundle savedInstanceState) {
6.// TODO Auto-generated method stub
7.super.onCreate(savedInstanceState);
8.//实例化数据库帮助类
9.final DBHelper help = new DBHelper(this);
10.    help.open();
11.    c= help.query();
12.    query();
13.//提示对话框
14.final AlertDialog.Builder builder = new AlertDialog.Builder(this);
15.    listView.setOnItemClickListener(new OnItemClickListener(){
16.@ Override
17.public void onItemClick(AdapterView< ? > parent,View view,int position,long id)
18.       {//点击信息触发监听器,询问是否删除数据
19.final long temp =  id;
20.    builder.setMessage("真的要删除该条记录吗?").setPositiveButton("是",new DialogInterface.OnClickListene()
21.       {//点击"是",确定删除数据
22.@ Override
23.public void onClick(DialogInterface dialog,int which) {
24.    System.out.println("yes");
25.    help.del((int)temp);
26.//重新查询
27.    Cursor c = help.query();
28.//列表项数组
29.    String[] from = {"name","age","address"};
30.//列表项 ID
31.int[] to = {R.id.text0,R.id.text1,R.id.text2,R.id.text3};
32.//适配器
33.    SimpleCursorAdapter adapter = new SimpleCursorAdapter(getApplicationContext(),R.layout.row,c,from,to);
34.    ListView listView = getListView();
35.    listView.setAdapter(adapter);                                      }
36.    }).setNegativeButton("否",new DialogInterface.OnClickListener() {
37.@ Override
```

```
38.public void onClick(DialogInterface dialog,int which) {
39.// TODO Auto-generated method stub
40.    }
41.    });
42.    builder.create();
43.    builder.show();
44.    }
45.    });
46.    }
```

3. 通过 App 添加数据

例 7-2 中创建如图 7-10 所示的用户界面,可以输入姓名、年龄和住址,其对应了界面中的 EditText1、EditText2 和 EditText3。

如图 7-11 所示,在输入对应的学生信息之后,通过按钮"添加"来响应监听器,来获取 EditText 中的内容,并调用 DBHelper.java 类中的方法来保存数据。

最终结果如图 7-12 所示,保存了两个人的学籍信息。

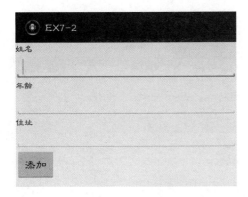
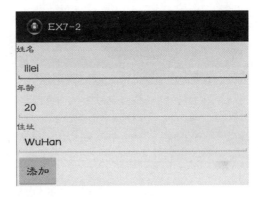

图 7-10　用户界面　　　　　　　　图 7-11　添加信息

图 7-12　学生学籍信息

实现用户界面和前面的基础操作基本类似,不同之处在于响应监听器之后,是调用 DBHelper.java 中的函数来对数据进行操作,主要代码如下。

```
1.public class AddData extends Activity
2.{
3.//声明 EditText 实例
4.private EditText et1,et2,et3;
```

```
5.//声明 Button 实例
6.private Button button;
7.@Override
8.protected void onCreate(Bundle savedInstanceState) {
9.// TODO Auto-generated method stub
10.    super.onCreate(savedInstanceState);
11.    setContentView(R.layout.main_1);
12.//根据 ID 获得实例对象
13.    et1 = (EditText) findViewById(R.id.EditText01);
14.    et2 = (EditText) findViewById(R.id.EditText02);
15.    et3 = (EditText) findViewById(R.id.EditText03);
16.    button = (Button) findViewById(R.id.button);
17.//按键监听器
18.    button.setOnClickListener(new View.OnClickListener() {
19.@Override
20.//监听器响应时获取 EditText 中的字符串
21.public void onClick(View v) {
22.    String name= et1.getText().toString();
23.    String url = et2.getText().toString();
24.    String desc = et3.getText().toString();
25.//将获取的字符串存入 SQLite 数据库
26.    ContentValues values = new ContentValues();
27.    values.put("name",name);//姓名
28.    values.put("age",age);//年龄
29.    values.put("address",address);//地址
30.
31.//实例化数据库帮助类
32.    DBHelper helper = new DBHelper(getApplicationContext());
33.//打开数据库
34.    helper.open();
35.//插入数据
36.    helper.insert(values);
37.//实例化 Intent
38.    Intent intent = new Intent(AddData.this,QueryActivity.class);
39.    startActivity(intent);
40.    helper.close();
41.    }});
42.    }
43.}
```

以上就是创建一个简单的能够增删信息的学生学籍系统数据库例程。如果需要对数据库进行查询和修改等操作,可以调用如下方法。

```
1./* 查询*/
2.public Ceshi findDao(int id) {
3.    db = helper.getWritableDatabase();// 初始化 SQLiteDatabase 对象
4.    Cursor cursor = db.rawQuery("select id,name,age,date from ceshi where id= ?",
5.new String[]{String.valueOf(id)});// 根据编号查找,并存储到 Cursor 类中
6.if (cursor.moveToNext())// 遍历查找到的收入信息
7.    {
8.// 将遍历到的收入信息存储到 Tb_inaccount 类中
9.return new SQLiteTest(
10.    SQLiteTest.getInt(cursor.getColumnIndex("id")),
11.    SQLiteTest.getString(cursor.getColumnIndex("name")),
12.    SQLiteTest.getInt(cursor.getColumnIndex("age")),
13.    SQLiteTest.getLong(cursor.getColumnIndex("date"))
14.    );}
15.return null;
16.    }
17./* 修改*/
18.public void updateDao(SQLiteTest SQLiteTest) {
19.    db = helper.getWritableDatabase();// 初始化 SQLiteDatabase 对象
20.// 执行修改收入信息操作
21.db.execSQL("update ceshi set name= ?,age= ?,date= ? where id= ?",
22.new Object[]{
23.    SQLiteTest.getName(),
24.    SQLiteTest.getDate(),
25.SQLiteTest.getAddress()
26.    });
27.    }
```

第三节 小 结

本章第一小节介绍了 Android 中的文件读取技术,由 Context 类提供的 openFileInput()和 openFileOutput()方法实现,主要分为内部存储和外部存储两种,通过实例实现了内部存储器中文件的写入与读取。

第二小节首先阐述了数据库的含义,它是长期储存在计算机内、有组织的、可共享的大

量数据集合。然后重点介绍了 SQLite 这款轻型数据库,SQLite 数据库使用的 SQL 语言,SQL 语言的功能包括查询、操纵、定义和控制,是一个综合的、通用的关系数据库语言,提供了各种不同语句来操作数据,十分便利。最后利用一个例子简单示范了如何操作数据库。

习题与思考

(1)什么是数据库?
(2)什么是 SQL? 有什么特点?
(3)数据库的基本操作是什么?
(4)尝试利用 SQLite 数据库构建一个学生成绩管理系统。

第八章 Android 的网络通信

第一节 网络通信协议

网络通信协议是一种网络通用语言,为连接不同操作系统和不同硬件体系结构的互联网络提供通信支持。

一、概述

网络通信协议由 3 个要素组成:①语义,解释控制信息每个部分意义,它规定了控制信号以及对应的响应信号的格式;②语法,用户数据与控制信息的结构与格式,以及数据出现的顺序;③时序,对时间发生顺序的详细说明。

总的来说,语义表示要做什么,语法表示要怎么做,时序表示要做的顺序。

对于大部分网络通信协议来说,它们都可以纳入网络协议的分层模型体系,常见的分层模型有 OSI(Open System Intercomection)七层模型、TCP/IP 四层模型。关于两种网络协议的分层以及比较如表 8-1 所示。

表 8-1 OSI 七层模型和 TCP/IP 四层模型分层以及比较

OSI 七层模型	TCP/IP 四层模型
应用层	应用层
表示层	
会话层	
传输层	传输层
网络层	网络层
数据链接层	数据链接层
物理层	

二、OSI 七层模型

OSI,开放式系统互联通信参考模型,是一种由国际标准化组织提出来的概念模型,是一个试图使各种计算机在世界范围内互连为网络的标准框架。

OSI 七层模型对应的分层结构如下：

(1)物理层，将数据转换为可通过物理介质传送的电子信号。

(2)数据链接层，决定访问网络介质的方式，在此层数据将分帧，并处理流控制。本层指定拓扑结构并提供硬件寻址。

(3)网络层，对子网间的数据包进行路由选择。

(4)传输层，提供终端到终端的可靠连接。

(5)会话层，允许用户使用简单易记的名称建立连接。

(6)表示层，协商数据交换格式。

(7)应用层，用户的应用程序和网络之间的接口。

事实上来说，相比于 OSI 七层模型，TCP/IP 四层模型应用更广。

三、TCP/IP 四层模型

TCP/IP 是一组用于实现网络互连的通信协议，Internet 网络体系结构以此为核心。而 TCP/IP 四层模型便是以 TCP/IP 通信协议为基础提出的网络结构。其分层如下：

(1)数据链接层，数据传递时负责监视数据在主机和网络之间的交换。

(2)网络层，主要解决主机到主机的通信问题。

(3)传输层，为应用层实体提供端到端的通信功能，保证数据包的顺序传送以及数据的完整性。

(4)应用层，为用户提供所需要的各种服务。

四、OSI 与 TCP/IP 模型异同

简略来说 OSI 与 TCP/IP 模型异同如下。

(1)共同点。①OSI 参考模型和 TCP/IP 参考模型都采用了层次结构的概念；②都能够提供面向连接和无连接两种通信服务机制。

(2)不同点。①OSI 采用的七层模型，而 TCP/IP 是四层结构；②对可靠性的要求不同，相比而言，TCP/IP 可靠性更高；③OSI 模型是在协议开发前设计的，具有通用性，TCP/IP 是先有协议集然后建立模型，不适用于非 TCP/IP 网络；④实际市场应用不同，OSI 仅为理论上的模型，并没有成熟的产品，而 TCP/IP 某种意义上来说已经成为了实际的国际标准。

本书网络通信所用的通信协议都是基于 TCP/IP 四层模型，各层次包含协议过多，故在此仅介绍常见网络通信协议。

五、常见网络通信协议

在应用中，几乎所有网络通信都是遵循 TCP/IP 协议或是基于 TCP/IP 四层模型所建立的网络通信协议。事实上，TCP/IP 协议并不是一个单一的网络通信协议，它是由处于不同分层的多个通信协议所构成的网络协议族，在此仅介绍本书所需要使用几类协议。

(1)IP 协议。该协议处于 TCP/IP 四层模型中的网络层。在网络通信中，数据是以数据

包的形式进行传输的,而 IP 协议的作用是在通信设备之间建立数据包交换网络。基于 IP 协议,每一台通信设备都有一个固定的 IP 地址,该地址是确保数据包交换网络通道建立的基础。

需要注意的是:IP 协议仅保证数据包交换网络通道的稳定型,并不用与检验确保数据包所含数据的准确以及完整性,该部分功能将有 TCP/IP 协议中的其他协议来实现的。

(2)TCP 协议。该协议处于 TCP/IP 四层模型中的传输层,该协议的作用是将数据处理为数据包形式,使其能够通过 IP 协议进行传输,或是从网络层接收到基于 IP 协议发送过来的数据包,将其转换为数据流发送给应用层。

为了保证数据的准确以及完整性,在转换为数据包的这个过程中 TCP 协议会为每一个数据包依次添加序号,然后进行发送,接收端基于 TCP 协议添加的序号接收数据,若在规定时间内接收端未收到数据包信号,那么发送端将重新发送信号。

(3)UDP 协议。该协议处于 TCP/IP 四层模型中的传输层。其作用与 TCP 协议相似,但不同于 TCP 协议,UDP 协议在处理数据的过程中,并没有 TCP 诸如给数据包添加序号的过程,因而 UDP 协议相比较于 TCP 协议,其稳定性与可靠性略逊一筹,但同样因为没有这样的程序流程,基于 UDP 协议数据传输过程往往更加灵活,且运行速度更快。

第二节　Socket 通信

Socket 又称"套接字",应用程序通常通过"套接字"向网络发出请求或者应答网络请求,使主机间或者一台计算机上的进程间可以通信。Socket 是应用层与 TCP/IP 协议族通信的中间软件抽象层,它是一组接口。在设计模式中,Socket 是一个门面模式,它可以把复杂的 TCP/IP 协议族隐藏在 Socket 接口后面,对用户来说,一组简单的接口就是全部,让 Socket 去组织数据,以符合指定的协议。

本节主要介绍 Socket 的通信流程和它的三次握手协议,以及通过一个简单 Socket 实例来介绍 Socket 的建立以及使用。

一、Socket 通信流程

Socket 是"打开—读/写—关闭"模式的实现,基于 TCP 协议通信的 Socket,基本流程是基于服务端和客户端的,在服务器端创建并初始化"套接字"来监听来自客户端的请求,同时在客户端也需要创建并初始化"套接字",紧接着请求服务器的连接,服务器接收到请求后,将信息反馈回客户机,请求客户端发送数据,服务器根据所接受的数据做出相应的指令,在成功完成任务后,关闭网络连接。

图 8-1 是 Socket 通信流程,其实在程序中 Socket 的流程也与此大同小异,只需要在编程时按照此图进行函数的初始化即可。

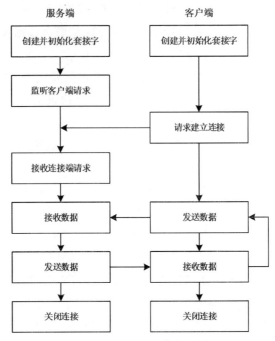

图 8-1 Socket 通信流程图

二、Socket 中 TCP 三次握手协议

在 TCP/IP 协议中，TCP 协议通过三次握手可以建立可靠的连接。在第一次握手时，客户端尝试连接服务器，向服务器发送 SYN 包，客户端进入 SYN_SEND 状态等待服务器确认。在第二次握手时，服务器接收客户端 SYN 包并确认，同时向客户端发送一个 SYN 包，此时服务器进入 SYN_RECV 状态第三次握手。第三次握手，客户端收到服务器的 SYN＋ACK 包，向服务器发送确认包 ACK，此包发送完毕，客户端和服务器进入 ESTABLISHED 状态，完成三次握手。其连接图如图 8-2 所示。

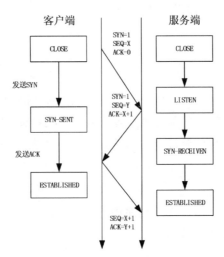

图 8-2 TCP 三次握手建立连接图

三、Socket 的建立与使用

主要是基于 Eclipse 软件实现 Socket 的建立以及使用,用来模拟监听电脑端的网络端口。首先,在服务端建立 ServerSocket 对象,绑定监听的端口;然后,监听客户端的请求,在建立连接后,通过输入流读取客户端发送的请求信息;最后,通过输入输出流向客户端发送响应信息。

【例 8-1】Socket 监听网络端口。

本例是在服务端通过建立 Socket 来监听某个网络端口,当端口被访问时,向用户提示被访问信息。

本实例所要监听的网络端口是 2345,当程序运行后,若用户进入网络端口 2345,程序便会响应操作,弹出"有客户端连接端口"对话框。简要代码如下所示。

```
1.public void run() {
2.try{
3.        ServerSocket serverSocket = new ServerSocket(2345);
4.//Block
5.while(true){
6.            Socket socket = serverSocket.accept();
7.//建立连接
8.            JOptionPane.showMessageDialog(null,"有客户端连接");
9.//传递给新的线程
10.new mycheck(socket).start();
11.    }
12.    }catch(IOException e){
13.
14.        e.printStackTrace();//在命令行打印异常信息在程序中出错的位置及原因
15.    }
16.}
```

当程序运行后,具体操作是:在网站中输入 127.0.0.1:2345 并进入该网络,当用户进入网络后,说明网络端口 2345 已经被占用,页面便会弹出对话框,显示"有客户端连接端口"字样,如图 8-3 所示。

图 8-3 网站被访问时的弹框

第三节　Android 设备与单片机之间的网络通信

一、概述

本节将通过实例对 Android 设备与单片机之间的网络通信进行介绍,在该实例中,手机与连接有 WiFi 或蓝牙模块的单片机开发板进行双向无线数据通信,当开发板接收到手机发出的指定信息以后,可以控制 LED 灯的亮灭,同时开发板会向手机发送反馈信息,说明 LED 灯的显示状态。相较于其他的几章内容,本章除了 Android 开发以外还涉及了对单片机 STM32 的开发,这部分内容涉及对 Keil5 软件的使用及单片机 GPIO 的 C 语言编程。在此仅对所需要使用的部分大概讲述,具体内容可参考本书附带电子资源中的代码。

二、硬件模块介绍

1. STM32

STM32 是由意法半导体公司推出的基于 ARM 内核架构的嵌入式单片机系列产品,因其高性能、低成本、低功耗、可裁剪等特点而广受欢迎。STM32 系列单片机种类众多,本书采用 STM32F103 芯片为例来讲解,对应开发板如图 8-4 所示。

2. HC05 蓝牙模块

HC05 是一类主从一体的蓝牙串口模块,基于 AT 指令 HC05 既可以通过 PC 机,也可以通过单片机直接进行设置调节。完成调节后的 HC05 与单片机进行连接后,可以直接与各类带有蓝牙通信功能的设备连接板进行通信(图 8-5)。

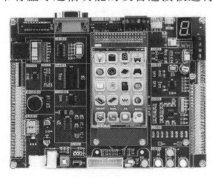

图 8-4　STM32 开发板

图 8-5　HC05

3. ESP8266 WiFi 模块

ESP8266 芯片是一款用于 WiFi 通信的芯片,因其价格低、性能稳定等特点而广受欢迎。该芯片可以在 STA 模式、AP 模式以及混合模式下进行工作。与 HC05 相似,该模块芯片基于 AT 指令可以通过 PC 机或是单片机直接进行设置调节(图 8-6)。

图 8-6　ESP8266 WiFi 模块

三、整体结构

硬件整体结构包括 3 部分：手机、无线通信模块(ESP8266WiFi 模块或 HC05 蓝牙模块)、STM32 单片机开发板。三者连接关系如图 8-7 所示，其中单片机开发板上有 LED 作为 IO 口状态指示灯。

图 8-7　整体结构图

手机与通信模块之间的双向数据传输遵循无线通信协议(WiFi 或蓝牙)，单片机与通信模块之间采用 UART 串口连接，用 AT 指令进行模块的控制与数据的传输。

此项目中主要任务包括：STM32 的编程开发和无线通信模块的 AT 指令控制。

1. 单片机 printf( )函数的重定义

作为一个常用的指令，printf( )用于输出显示字符，编程中为了方便 STM32 基于 UART 的信息输出，将函数 printf( )进行了重定义，代码如下。

```
1.int fputc(int ch,FILE * p)
2.{
3.    USART_SendData(USART1,(u8)ch);
4.while(USART_GetFlagStatus(USART1,USART_FLAG_TXE)= = RESET);
5.return ch;
6.}
```

在重定义完成后，printf( )的作用便是基于 UART 协议将制定的字符信息传送给无线通信模块设备。

2. 无线通信模块的 AT 指令调节

无论是 HC05 蓝牙通信模块还是 ESP8266WiFi 通信模块，在进行使用前，均需要通过 AT 指令进行初始化调试。

AT 指令调节具有多种方式，在此介绍电脑通过串口助手来进行调节（串口助手见本书电子资源中附带软件）。

（1）HC05 蓝牙通信模块的初始化调节。将 HC05 通过 CH340 与电脑连接，打开串口助手，依次输入如下指令：

AT+NAME=Bluetooth-Slave	蓝牙名称为 Bluetooth-Slave
AT+ROLE=0	蓝牙模式为从模式
AT+CMODE=0	蓝牙连接模式为任意地址连接模式
AT+PSWD=1234	蓝牙配对密码为 1234
AT+UART=9600,0,0	蓝牙通信串口波特率为 9600，停止位 1 位，无校验位
AT+RMAAD	清空配对列表

相应返回"OK"表示设置成功。这个时候的蓝牙就可以与电脑主机或者手机配对相互通信。需要注意的是：设置指令里的符号不要在中文状态下输入，否则不会返回相应指令。同时，HC05 在接入电脑时，需要长按芯片左上方的按钮使其进入调节状态（此时芯片指示灯将进入低频闪烁状态），否则无法对 HC05 进行初始化调节（若未进入调节模式，芯片指示灯将进入高频闪烁状态）。

（2）ESP8266WiFi 通信模块的初始化调节。将 ESP8266 通过 CH340 与电脑连接，打开串口助手，依次输入如下指令：

AT+RST	重启芯片
AT+CWMODE=1	进入 STA 模式
AT+RST	重启芯片
AT+CIPSTART=TCP,192.168.43.54,1234	进入 TCP 模式，设置 IP 地址为 192.168.43.54,1234
AT+CIPMODE=1	进入透传模式
AT+CIPSEND	开始发送信息

不同于 HC05，ESP8266 每一次断电重启以后需要重新进行初始化设置。

四、Android 的蓝牙通信

Android 系统提供的蓝牙 API 包为 android.bluetooth，允许手机设备与其他设备进行无线蓝牙通信。在此需要强调的是，Android 模拟器并不支持蓝牙功能，因而蓝牙相关的程序需要在真机上进行调试。

本例中，利用蓝牙，手机能够与配对设备进行双向通信，当手机向配对设备发送指定信息以后，配对设备的 LED 灯便会发生相应的变化，同时将变化后的状态信息发送回手机。

1. 获取权限

如果程序中要使用蓝牙功能，首先需要在 AndroidManifest.xml 中声明相关权限，蓝牙

的权限有两种,分别为:

(1)＜uses-permission android:name="android.permission.BLUETOOTH" /＞

(2)＜uses-permission android:name="android.permission.BLUETOOTH_ADMIN" /＞

其中如果在应用程序中请求或者建立蓝牙连接并传递数据,必须声明 BLUETOOTH 权限。若初始化设备发现功能或者对蓝牙设置进行更改,则必须声明 BLUETOOTH_ADMIN 权限。

2. 蓝牙适配器

在从 AndroidManifest.xml 中获取蓝牙功能的权限以后,程序开发中对蓝牙功能的具体实现则是通过对 BluetoothAdapter 类的对象的调用完成的。对蓝牙模块有无的检测、手机蓝牙的开关、与其他蓝牙设备的连接、通过蓝牙收发信息等基本功能,都是基于蓝牙适配器 BluetoothAdapter 类内封装的方法来实现的。

3. 建立一个蓝牙适配器的实例

程序中,对蓝牙功能的实现是基于对蓝牙适配器类 BluetoothAdapter 内封装的方法的调用。因而在进行应用开发时,首先要做的是建立一个 BluetoothAdapter 的实例。具体代码如下。

```
1.BluetoothAdapter mBluetoothAdapter;    //蓝牙适配器
```

4. 手机蓝牙功能的初始化与监测

当打开 App 后,若要进行蓝牙通信,首先要做的便是打开蓝牙功能。在初始化蓝牙适配器之后,根据初始化结果判定设备是否拥有蓝牙功能,若有则开启蓝牙功能。

具体代码如下。

```
1.mBluetoothAdapter = BluetoothAdapter.getDefaultAdapter();//获取蓝牙适配器
2.if (mBluetoothAdapter = = null) { //手机无蓝牙功能,提示并退出
3.Toast.makeText (getApplicationContext (),"bluetooth is no available",Toast.
  LENGTH_LONG).show();
4.    finish();
5.return;
6.}
7.
8.mBluetoothAdapter.enable();//打开手机蓝牙功能
9.if (! mBluetoothAdapter.isEnabled()) {          //手机未打开蓝牙功能,提示并退出
10.Toast.makeText(getApplicationContext(),"bluetooth function is no available",
Toast.LENGTH_LONG).show();
11.    finish();
12.return;
13.}
```

5. 获取配对设备地址

当蓝牙打开后,若要与其他设备进行蓝牙通信,则需要获取配对设备的 UUID。蓝牙适配器的蓝牙连接是基于各设备的 UUID 进行的,打开蓝牙配对设备列表,读取配对设备的 UUID,选择配对设备进行连接,如图 8-8 所示。因为连接时 UUID 的获取是通过已配对设备列表,因而设备需要是曾经给手机配对过的设备,或是在使用前通过手机设置手动进行蓝牙配对。

具体代码如下。

```
1. Set< BluetoothDevice > pairedDevices = mBluetoothAdapter.getBondedDevices
();//获取 已经配对的蓝牙设备列表
2.if (pairedDevices.size() < 1) {                         //无配对蓝牙设备,则退出
3.               Toast.makeText(getApplicationContext(),"没有找到已经配对的
蓝牙设备,请配对后再操作",Toast.LENGTH_LONG).show();
4.               finish();
5.return;
6.            }
7.
8.              Spinner spinner = (Spinner)findViewById(R.id.spinner1);//获取
下拉框控件 对象
9.              List< String> list = new ArrayList< String> ();
  //创建列表,用于保存蓝牙设备地址
10.for (BluetoothDevice device:pairedDevices) {
11.
12.                list.add(device.getAddress());//将蓝牙地址进入到列表
13.            }
14.//创建数组适配器
15.              ArrayAdapter< String> adapter = new ArrayAdapter< String>
(getApplicationContext(),android.R.layout.simple_spinner_item,list);
16.              adapter.setDropDownViewResource(android.R.layout.simple_
spinner_dropdown_item);//设置下来显示方式
17.              spinner.setAdapter(adapter);//将适配器中数据给下拉框对象
```

6. 蓝牙连接

当获取到配对设备的地址以后,便是与配对设备进行蓝牙连接。在手机与配对设备成功连接后,控制 LED 的按钮便会由禁用状态进入可用状态(图 8-9)。在连接的同时,基于 Socket 协议,建立输入输出流,用于手机与配对设备之间的蓝牙通信。

第八章　Android 的网络通信

图 8-8　配对蓝牙设备　　　　图 8-9　蓝牙连接成功

具体代码如下。

```
1.      device = mBluetoothAdapter.getRemoteDevice(address);     //根据蓝牙设备
的地址连接单片机蓝牙设备
2.      clientSocket = device.createRfcommSocketToServiceRecord(uuid);//根
据 uuid 创建 socket
3.      clientSocket.connect();//手机 socket 连接远端蓝牙设备
4.      mmOutStream = clientSocket.getOutputStream();//从 socket 获得 数据流
对象,实现读写操作
5.       mmInStream  = new DataInputStream(new BufferedInputStream(client-
Socket.getInputStream()));
6.      Toast.makeText(getApplicationContext(),"蓝牙设备连接成功,可以操作了",
Toast.LENGTH_SHORT).show();
7.      set_btn_status(true); //允许按钮操作（开 LED 灯等按钮）
8.      blue_tooth_msg_thread = new bluetoothMsgThread(mmInStream,blue-
toothMessageHandle);//定义 多线程对象,并执行线程,用于接收蓝牙数据
9.              blue_tooth_msg_thread.start();
```

7. 向配对设备发送信息

连接完成后,按下对应的按钮,手机便会基于 Socket 协议向配对设备发送可识别的信息,如发送"1"则 LED 灯亮,发送"0"则 LED 灯灭。

具体代码如下。

```
1.mmOutStream.write(buffer);//数据流发送数组，发送给单片机蓝牙设备
```

8. 接收配对设备发送信息

（1）当改变 LED 灯状态后，配对设备便会发送对应的提示信息。如 LED 亮时便会发送"LED:on_"对应的 LED 灯亮；反之便会发送"LED:off"对应的 LED 灯来（图 8-10～图 8-13）。在建立连接完成后，主程序运行的同时也启动了另一条线程，该线程在主程序运行的同时，基于 Socket 协议建立的数据输入流接收配对设备发送的信息。

图 8-10　打开 LED 灯　　　　　图 8-11　关闭 LED 灯

图 8-12　打开 LED 灯　　　　　图 8-13　关闭 LED 灯

具体代码如下。

```
1.class bluetoothMsgThread extends Thread {
2.private DataInputStream mmInStream;            //in 数据流
3.private Handler msgHandler;                    //Handler
4.public bluetoothMsgThread(DataInputStream mmInStream,Handler msgHandler) {
//构造函数,获得 mmInStream 和 msgHandler 对象
5.this.mmInStream = mmInStream;
6.this.msgHandler = msgHandler;
7.    }
8.
9.public void run() {
10.byte[] InBuffer = new byte[7];                //创建 缓冲区
11.while (! Thread.interrupted()) {
12.try {
13.         mmInStream.readFully(InBuffer,0,7);  //读取蓝牙数据流
14.         Message msg = new Message();         //定义一个消息,并填充数据
15.         msg.what = 0x1234;
16.         msg.obj = InBuffer;
17.         msg.arg1 = InBuffer.length;
18.         msgHandler.sendMessage(msg);         //通过 handler 发送消息
19.         }catch(IOException e) {
20.             e.printStackTrace();
21.         }
22.     }
23.   }
24.}
```

（2）因为线程内部无法直接操作控件,因而需要通过向 Handler 类发送 Message 类信息的方式控制控件,完成控件对接收信息的显示,具体代码如下。

```
1.Handler bluetoothMessageHandle = new Handler() {
//蓝牙消息 handler 对象
2.public void handleMessage(Message msg) {
3.if (msg.what == 0x1234) {                      //如果消息是 0x1234,则是从线
程中传输过来的数据
4.     show_result((byte [])msg.obj,msg.arg1);   //将缓冲区的数据显示到 UI
5.    }
6.  }
7.};
```

五、Android 的 WiFi 通信

WiFi 为当今最为热门的无线通信模块之一，与蓝牙通信相比，WiFi 具有更大的覆盖范围和更高的传输速率。

Android SDK 提供了 WiFi 开发的相关 API，被保存在 Android.net.WiFi 和 Android.net.WiFi.P2P 包下。借助于 Android SDK 提供的相关开发类，可以方便地在 Android 系统的手机上开发基于 WiFi 的应用程序。

本例中，利用 WiFi，手机能够与配对设备进行双向通信，当手机向配对设备发送指定信息以后，配对设备的 LED 灯便会发生相应的变化，同时将变化后的状态信息发送回手机。

1. 获取权限

如果程序中要使用 WiFi 功能，首先需要在 AndroidManifest.xml 中声明相关权限，WiFi 的权限为：

<uses-permission android:name="android.permission.INTERNET" />

WiFi 通信本质便是一种网络通信，该权限便是决定应用程序能否进行网络通信。

2. 建立连接

建立连接是 WiFi 通信的基础，以手机作为服务端，配对设备作为客户端，根据手机热点 IP 以及设定的端口号进行匹配连接。因而在打开应用之前，需要打开手机热点。

3. 建立一个 Socket 类的实例

WiFi 通信是基于 TCP 通信协议进行的，对 WiFi 通信的相关操作都是基于对 Socket 类的实例的方法运用来实现的。因而在进行应用开发时，首先要做的便是建立一个 Socket 类的实例。

具体代码如下。

```
1.public Socket mSocket;
```

4. 开启 WiFi 通信服务

在 WiFi 热点连接成功后，打开应用程序，设置端口号，如图 8-14 所示，然后开启服务即可。

（1）利用获取的端口号建立相应的 SeverSocket 类。具体代码如下。

```
1.mServerSocket = new ServerSocket(mServerPort);
```

（2）利用建立的 SeverSocket 类的实例，对新建的 Socket 类实例进行初始化，同时建立对应的数据输入输出流以用于 WiFi 通信的数据传输。

```
1.mSocket = mServerSocket.accept();
2.mInStream = mSocket.getInputStream();
3.mOutStream = mSocket.getOutputStream();
```

第八章　Android 的网络通信

图 8-14　设置端口号

5. 向配对设备发送信息

当数据输出流建立完成后，每一次发送数据时，仅需要使用数据输出流内响应的方法即可。

具体代码如下。

```
1.private void writeMsg(String msg){
2.if(msg.length() == 0 || mOutStream == null)
3.return;
4.try {
5.        mOutStream.write(msg.getBytes());
6.        mOutStream.flush();
7.    }catch (Exception e) {
8.        e.printStackTrace();
9.    }
10.}
```

6. 接收配对设备发送的信息

与蓝牙通信类似，接收信息时需额外建立一个线程，并用 Handler 来完成线程与控件之间的联系。在建立了数据输入流以后,利用线程在不干扰主程序运行的同时,读取配对设备发送回来的信息。

具体代码如下。

```
1.class SocketReceiveThread extends Thread{
2.private boolean threadExit = false;
3.public void run(){
4.byte[] buffer = new byte[1024];
5.while(threadExit = = false){
6.try {
7.int count = mInStream.read(buffer);
8.if(count = = -1){
9.            Log.i(TAG,"read read -1");
10.           mHandler.sendEmptyMessage(MSG_SOCKET_DISCONNECT);
11.break;
12.       }else{
13.           String receiveData;
14.           receiveData = new String(buffer,0,count);
15.            Log.i(TAG," read buffer:"+ receiveData+ ",count = "+ count);
16.           Message msg = new Message();
17.           msg.what = MSG_RECEIVE_DATA;
18.           msg.obj = receiveData;
19.           mHandler.sendMessage(msg);
20.       }
21.      }catch (IOException e) {
22.         e.printStackTrace();
23.      }
24.   }
25.  }
26.
27.void threadExit(){
28.    threadExit = true;
29.  }
30.}
```

第四节　Android 设备与 PC 之间的网络通信

Android 设备与 PC 之间的通信方式有很多种，比如可以通过 USB 进行连接，还可以进行、WiFi、蓝牙等无线连接。在本章第二节中谈到了关于 Socket 协议，并用 Socket 进行了简单的实验。该实验是在 PC 端编写一段 Java 程序，用来检测某一网络端口是否被连接，然后再在 PC 端的网络中进入该网络，Eclipse 界面便会弹出"有客户端连接"的对话框。

本节主要介绍 Android 设备与 PC 机之间通过 Socket 协议进行通信，并且实现互发字符串的功能。

一、PC 端程序

在 PC 端首先需要建立一个 Java 工程，工程的建立在前述章节中已经详细介绍，在此不再赘述，将该工程命名为"mysocketseve"，之后在该工程中建立相应的包和类。

创建一个 run() 方法，在该方法中使用 ServerSocket 来监听网络端口。使用 try {} catch {} 语句用于异常捕获，当输入流有数据输入时，读取输入流中的数据，使用 BufferedReader () 进行读取，将读取的字符串赋给 str。

在读取完成后，将读取的信息通过输出流返回给客户端。PC 端的主要代码如下所示。

```
1.ServerSocket serverSocket = new ServerSocket(12574);
2.//通过 ServerSocket 监听端口号 12574
3.Socket client = serverSocket.accept();
4.System.out.println("开始接收数据");
5.try
6.//捕获异常
7.{
8.//接收数据
9. BufferedReader in = new BufferedReader(new InputStreamReader(client.getInputStream(),"utf-8"));
10. String str = in.readLine();
11. System.out.println("数据:" + str);
12.//返回数据
13. PrintWriter pout = new PrintWriter(new OutputStreamWriter(client.getOutputStream(),"utf-8"));
14. System.out.println("数据已返回");
15. pout.close();
16. in.close();
17.}
```

```
18.catch (Exception e)
19.{
20.    System.out.println(e.getMessage());
21.    e.printStackTrace();
22.}
```

二、Android 端程序

需要在 Eclipse 下建立一个安卓工程,命名为"mysocket",在工程中分别创建一个 EditText 和 Button,分别用来进行输入和发送。在控件创建完成之后,在 MainActivity 中使用 findViewById()的方法引用创建好的 Button。创建监听事件,用于开启新线程,调用 run()方法,创建一个 Socket 用于定义网络端口。

在此需要提示读者,Android 设备与 PC 之间的网络通信需要在同一网段下进行,网络的地址可以通过以下方法查找。

在 PC 端使用快捷键"win+R",输入"CMD"进入命令提示符,如图 8-15 所示。

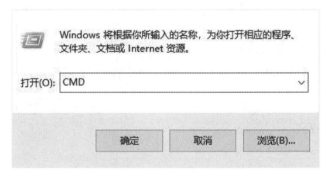

图 8-15 "运行"提示框

点击确定,在弹出框中输入 ipconfig,按下回车键,就能查询到所连接网络的网络端口了。网络端口显示如图 8-16 所示。

图 8-16 所连接网络的 IP 地址

当找到相应的网络端口后便可以继续操作了。获取输入数据,在 run()方法中使用 getText()方法,获取所输入的字符,将其赋给 sendMesg。接着是对数据的输出,使用 PrintWriter 将数据发送给 PC 端。当发送完成后再使用 BufferedReader 接收 PC 端所返回的数据并使用 Log.e()将数据打印。具体程序代码如下。

```
1.public class MainActivity extends Activity
2.{
3.
4.private static final String TAG = "MainActivity";
5.private EditText mEditText;
6.private Button mButton;
7.private String sendMesg;
8.private Socket socket;
9.@Override
10.protected void onCreate(Bundle savedInstanceState)
11.  {
12.     super.onCreate(savedInstanceState);
13.     setContentView(R.layout.activity_main);
14.     mEditText = (EditText) findViewById(R.id.meditText);
15.     mButton = (Button) findViewById(R.id.mbutton);
16.     mButton.setOnClickListener(new OnClickListener()
17.     {
18.
19.@Override
20.public void onClick(View arg0)
21.      {
22.         sendMesg = mEditText.getText().toString();
23.new Thread(new Runnable()
24.         {
25.
26.@Override
27.public void run()
28.         {
29.try
30.            {
31.               socket = new Socket("172.26.93.120",12574);
32.
33.//向服务器发送数据
34.               PrintWriter send = new PrintWriter(new BufferedWriter(
35.                   new OutputStreamWriter(
36.                   socket.getOutputStream(),"utf-8")));
37.               send.println(sendMesg);
38.               send.flush();
```

```
39.
40.              //接收服务端数据
41.              BufferedReader recv = new BufferedReader(new InputStreamReader(socket.getInputStream()));
42.              String recvMsg =  recv.readLine();
43.              if (recvMsg ! = null)
44.              {
45.                Log.e(TAG,"返回的内容是:"+ recvMsg);
46.              }
47.else
48.              {
49.              }
50.              send.close();
51.              recv.close();
52.              socket.close();
53.            }
54.            catch (Exception ex)
55.            {
56.              ex.printStackTrace();
57.            }
58.          }
59.
60.        }).start();
61.      }
62.    });
63.  }
64.}
```

三、Android 设备与 PC 机的通信流程

(1)将"mysocket"程序下载进手机,在 EditText 中输入字符串,例如输入"abc",如图 8-17所示。

图 8-17 mysocket 运行结果

(2)打开"mysocketserve"程序,运行程序,如图 8-18 所示。

(3)当程序运行后,程序停止按钮会亮起(如图 8-18 中的箭头所指),说明程序正在等待数据的输入。

图 8-18　mysocketserve 运行结果

(4)点击客户端"Sent"按钮,将字符串"abc"发送,此时会在服务端进行接收,接收的结果如图 8-19 所示。

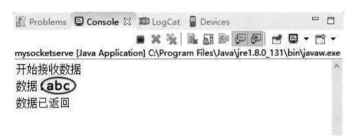

图 8-19　服务端数据接收

(5)服务端返回至手机的内容需要用日志进行查看,打开日志显示框,点击菜单栏中 Window 下的 Show View,在弹出的 Other 选项框下选择 LogCat,如图 8-20 所示。

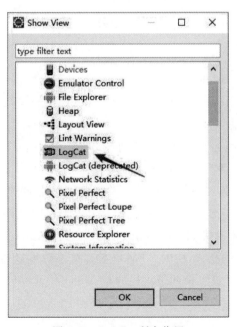

图 8-20　LogCat 所在位置

（6）在弹出的日志设置中，填入所属日志的名称，选择日志的输出类型，即按何种方式输出，此次实验日志按照名称输出，如图 8-21 所示。

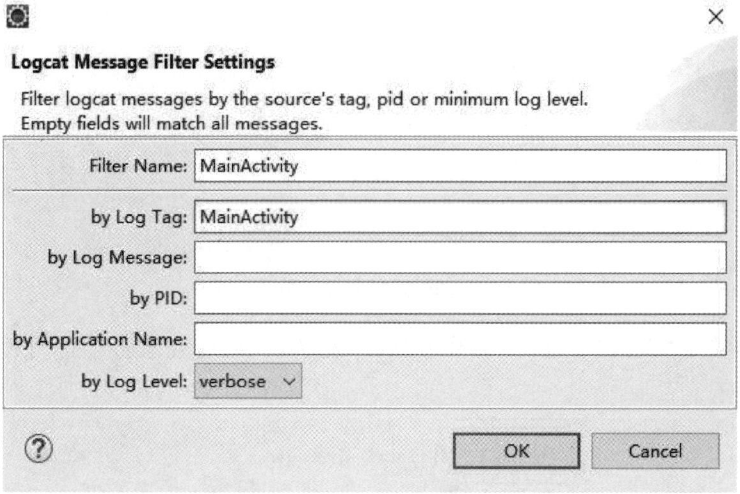

图 8-21　日志设定

（7）查看日志内容，便可以看到服务端返回的消息，如图 8-22 所示。

图 8-22　服务端返回的消息

第五节　小　结

本章主要介绍了 Android 的网络通信，分别从网络通信协议和 Socket 通信两个方面介绍了网络间的通信，从 Android 设备与单片机通信和 PC 机通信两个方面介绍了网络通信的使用。

第一节和第二节主要阐述了网络通信的理论知识。第一节的内容为设备之间的无线通信，而通信协议的统一便是各设备之间通信的保障。第二节所讲述的是 Socket 协议的通信流程和 TCP 的三次握手。第三节和第四节主要阐述了网络通信的实践应用。第三节讲述了通过蓝牙和 WiFi，完成了 STM32 单片机与手机的无线通信，基于 TCP/IP 协议，通过 WiFi 模块 ESP8266 或蓝牙模块 HC05，Android 手机通过 App 可以进行无线通信远程控制 STM32，进而控制 LED 灯的亮灭，同时 STM32 单片机系统可以通过无线通信将 LED 灯的亮灭状况发送给 Android 手机。第四节讲述的是 Android 设备与 PC 机的通信，详细阐述了互发信息的具体流程。

习题与思考

(1)什么是 TCP/IP 协议,TCP 协议,IP 协议各自的用处是什么?

(2)什么是 IIC 协议,什么是 ASCII 码,ASCII 码在 IIC 协议中有什么用处?

(3)试用 Socket 访问自己的网络端口。

(4)试着利用 STM32 与手机建立一个无线通信机。

(5)什么是 HTTP 协议?Java 中如何利用 HTTP 协议进行网络通信?如何在 Android 开发中应用 HTTP 通信?

第九章 Android 平台下的传感器开发实例

随着信息技术的不断发展以及对信息获取及时性的要求越来越高,越来越多的传感器设备被嵌入到移动终端设备中,以满足移动信息的技术获取、处理、传输及存储。Android 应用程序开发平台也提供了丰富的传感器接口(表 9-1),本章将介绍 Android 部分传感器的原理、使用方法及应用开发案例。

表 9-1　部分 Android 传感器类型

Android 提供的传感器类型	类型说明
Sensor. TYPE_ACCELEROMETER	加速度传感器
Sensor. TYPE_GRAVITY	重力传感器
Sensor. TYPE_GYROSCOPE	回转陀螺仪传感器
Sensor. TYPE_LIGHT	光感传感器
Sensor. TYPE_MAGNETIC_FIELD	磁场传感器
Sensor. TYPE_ORIENTATION	方向传感器
Sensor. TYPE_PRESSURE	压力传感器
Sensor. TYPE_PROXIMITY	近程传感器
Sensor. TYPE_ROTATION_VERCTOR	旋转向量传感器
Sensor. TYPE_TEMPERATURE	温度传感器

对于使用 Android 传感器开发,除了使用 Sensor 之外,还有 SensorManager 和 SensorEventListener 两个非常重要的类。SensorManager 用于管理所有传感器,包括传感器的种类、采样率、精确度等;SensorEventListener 用于对传感器的事件监听。传感器使用的一般方法如图 9-1 所示。

读者在进行本章的学习时,可以结合本书提供的实例进行实践,以便加深自己对基于 Android 系统进行传感器开发的理解。

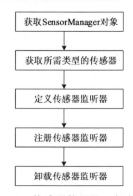

图 9-1　传感器使用的一般方法

第一节 光线传感器

一、光线传感器原理

光线感应器(Light-Sensor)也叫作亮度感应器,许多平板电脑和手机都配备了此感应器。通常位于手持设备屏幕上方,它能根据手持设备目前所处环境的光线亮度,自动调节手持设备屏幕亮度,给使用者带来最佳的视觉效果。

光线传感器所捕获的光强度值被保存在 SensorEvent.values[0]中,单位为勒克斯(lux)。

二、光线传感器使用方法

1. 获取 SensorManager 对象

对所有传感器的操作均需要通过 SensorManager 进行管理,因此在使用传感器时,需要获取 SensorManager 对象,可以通过 getSystemService()方法实现,代码如下。

```
1.//获取 SensorManager 对象
2.sensorManager = (SensorManager)getSystemService(SENSOR_SERVICE);
```

其中 SENSOR_SERVICE 是系统定义的用于表示传感器服务的标识。

2. 获取光线传感器

当得到 SensorManager 实例对象之后,需要获取所需的特定类型的传感器——光线传感器,可以通过 getDefaultSensor()方法实现,代码如下。

```
1 //获取光线传感器
2.sensorManager.getDefaultSensor(Sensor.TYPE_LIGHT)
```

其中,参数 Sensor.TYPE_LIGHT 正是表 9-1 中所提供的光线传感器。如果需要使用其他类型传感器,可参考表 9-1 设置相应参数。

3. 定义光线传感器监听器

当获取到所需类型的传感器之后,就需要实现传感器监听器,以便该监听器和传感器进行交互,重写 onSensorChanged()和 onAccuracyChanged()两个监听事件方法,并在方法中实现光强度值获取、编辑框显示光强值,代码如下。

```
1.// 定义光线传感器监听器
2.@Override
```

```
3. public void onSensorChanged(SensorEvent event) {
4. float[] values = event.values;   //获取传感器的值
5. int sensorType = event.sensor.getType();   //获取传感器类型
6.    StringBuilder stringBuilder = null;
7.    if(sensorType= = Sensor.TYPE_LIGHT){
8.        stringBuilder = new StringBuilder();
9.        stringBuilder.append("光的强度值:");
10.       stringBuilder.append(values[0]);   //添加获取的传感器值
11.       EditTextLight.setText(stringBuilder.toString());//显示到编辑框中
12.    }
13. }
14. @ Override
15. public void onAccuracyChanged(Sensor sensor,int i) {
16. //当传感器精度改变时回调该方法,一般无需处理
17.
18. }
```

其中,onSensorChanged(SensorEvent event)方法在传感器的值发生改变时被调用,该方法的参数为一个 SensorEvent 对象。

onAccuracyChanged(Sensor sensor,int i)方法在传感器的精确度发生改变时被调用,该方法的第一个参数表示传感器的类型,第二个参数表示传感器新的精度。

4. 注册光线传感器监听器

定义好传感器监听器之后,需对该监听对象进行注册,才能与之交互。实现该功能的方法是 registerListener(),代码如下。

```
1. //   注册光线传感器监听器
2. @ Override
3. protected void onResume() {
4. sensorManager. registerListener ((android. hardware. SensorEventListener) this,
5.                  sensorManager.getDefaultSensor(Sensor.TYPE_LIGHT),
6.                  SensorManager.SENSOR_DELAY_GAME);
7. super.onResume();
8. }
```

其中,该方法包括3个参数,第一个参数为传感器监听器对象,第二个参数为所需的传感器类型对象,第三个参数表示与传感器交互更新的频率。关于传感器更新的频率,系统定义了几种不同的值,如表 9-2 所示。

表 9-2　常见传感器更新频率

参数定义	对应值
SensorManager.SENSOR_DELAY_FASTEST	8～30ms
SensorManager.SENSOR_DELAY_GAME	约 40ms
SensorManager.SENSOR_DELAY_NORMAL	约 200ms
SensorManager.SENSOR_DELAY_UI	约 350ms

5. 卸载光线传感器监听器

当光线传感器使用完毕后,需要对其监听器进行卸载,可通过 unregisterListener()方法实现,代码如下。

```
1.// 卸载光线传感器监听器
2.@ Override
3.protected void onPause() {
4.    sensorManager.unregisterListener(this);
5.super.onPause();
6.  }
```

此例中使用到的重要方法如表 9-3 所示。

表 9-3　光线传感器使用的方法

功能	调用方法
获取 SensorManager 对象	getSystemService(SENSOR_SERVICE)
获取光线传感器	getDefaultSensor(Sensor.TYPE_LIGHT)
获取传感器类型	getType()
注册光线传感器监听器	registerListener((android.hardware.SensorEventListener) this, sensorManager.getDefaultSensor(Sensor.TYPE_LIGHT), SensorManager.SENSOR_DELAY_GAME)
卸载光线传感器监听器	unregisterListener()

三、光线传感器案例

在了解了光线传感器的使用方法后,可完成如下应用,实现的功能为:获取手机所处环境的光强值,并实时显示光强值。

真机运行结果如图 9-2 所示。

图 9-2　真机运行结果

第二节 加速度传感器

一、加速度传感器原理

Android 中最常用的一种传感器是加速度传感器,主要用于感应手机的运动,测量该运动的加速度。该传感器捕获 3 个参数,分别表示空间坐标系中 X、Y、Z 轴方向的加速度减去重力加速度在相应轴分量,其单位均为 m/s^2。传感器的坐标系如图 9-3 所示。由图 9-3 可知,传感器坐标系与空间坐标系不同,它是以屏幕中心为坐标原点,X 轴的正方向沿屏幕向右,Y 轴正方向沿屏幕向上,Z 轴正方向垂直屏幕向上。

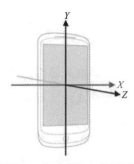

图 9-3　传感器的坐标系图

加速度传感器捕捉到的 3 个参数被保存在 float 类型的数组 values 中,分别对应于 X 轴、Y 轴、Z 轴方向的值。

二、加速度传感器使用方法

详细的使用方法可参见前文关于光线传感使用方法的介绍,这里对加速度传感器的使用方法仅做简要介绍。

1. 获取 SensorManager 对象

通过 getSystemService()方法获取 SensorManager 对象,代码如下。

```
1.//  获取 SensorManager 对象
2.sensorManager = (SensorManager) getSystemService(Context.SENSOR_SERVICE);
```

2. 获取加速度传感器

当得到 SensorManager 实例对象之后,通过 getDefaultSensor()方法获取所需的加速度传感器,代码如下。

```
1.//  获取加速度传感器
2.sensorManager.getDefaultSensor(Sensor.TYPE_ACCELEROMETER)
```

3. 定义加速度传感器监听器

重写 onSensorChanged()和 onAccuracyChanged()两个监听事件方法,并在方法中实现加速度值获取、摇动手机后振动,代码如下。

```
1.//  定义加速度传感器监听器
2.@Override
3.public void onSensorChanged(SensorEvent event) {   //传感器值改变时触发
```

```
4.// TODO Auto-generated method stub
5.int sensorType = event.sensor.getType();   //获取传感器类型
6.if(sensorType = = Sensor.TYPE_ACCELEROMETER){
7.float[] values = event.values ;   //获取传感器的值
8.if(values[0]> 15 || values[1]> 15 || values[2]> 20){   //0:X  1:Y  2:Z
9.         Toast.makeText(MainActivity.this,"摇一摇",Toast.LENGTH_SHORT).show();
10.            vibrator.vibrate(500);   //设置振动器的频率
11.            sensorManager.unregisterListener(this);   //取消注册的监听器
12.         }
13.      }
14.   }
15.@ Override
16.public void onAccuracyChanged(Sensor sensor,int accuracy) {
17.// TODO Auto-generated method stub
18.
19.   }
```

4. 注册加速度传感器监听器

注册加速度传感器监听器代码如下。

```
1.//   注册加速度传感器监听器
2.@ Override
3.protected void onResume() {
4.// TODO Auto-generated method stub
5.super.onResume();
6.   sensorManager.registerListener((SensorEventListener)this,
7.                        sensorManager.getDefaultSensor(Sensor.TYPE_ACCELEROMETER),
8.                        SensorManager.SENSOR_DELAY_GAME);
9.}
```

5. 卸载加速度传感器

卸载加速度传感器代码如下。

```
1.//   卸载加速度传感器监听器
2.@ Override
3.protected void onPause() {
4.      sensorManager.unregisterListener(this);
5.super.onPause();
6.   }
```

此例中使用到的重要方法如表 9-4 所示。

表 9-4 加速度传感器使用的方法

功能	调用方法
获取 SensorManager 对象	getSystemService(Context.SENSOR_SERVICE)
获取加速度传感器	getDefaultSensor(Sensor.TYPE_ACCELEROMETER)
获取传感器类型	getType()
注册加速度传感器监听器	registerListener((SensorEventListener) this, sensorManager.getDefaultSensor (Sensor.TYPE_ACCELEROMETER), SensorManager.SENSOR_DELAY_GAME);
卸载加速度传感器监听器	unregisterListener()

三、加速度传感器案例

在了解加速度传感器的使用方法后,可完成如下应用。实现的功能为:检测手机是否被摇晃。

真机运行结果如图 9-4 所示。

（a）摇动手机前　　　　　　　　（b）摇动手机后

图 9-4 真机运行结果

第三节 磁场传感器

一、磁场传感器原理

磁场传感器用于感应磁场变化,其可以检测周围磁场的强度值,单位为微特斯拉(uT)。利用这个传感器可以开发诸如指南针等较为实用的应用程序。

磁场传感器捕获到的磁场值共有 3 个,以数组的形式被保存在 SensorEvent 类的 float 型数组 values 中。其中 SensorEvent.values[0] 为 X 轴方向磁场强度,SensorEvent.values[1] 为 Y 轴方向磁场强度,SensorEvent.values[2] 为 Z 轴方向磁场强度。开发者可以通过简单的应用代码获得磁场强度值。

二、磁场传感器使用方法

它的使用方法与光线传感器、加速度传感器类似,现对磁场传感器的使用方法做简要介绍。

1. 获取 SensorManager 对象

通过 getSystemService()方法获取 SensorManager 对象,代码如下。

```
1.// 获取 SensorManager 对象
2.sensorManager = (SensorManager) getSystemService(Context.SENSOR_SERVICE);
```

2. 获取磁场传感器

当得到 SensorManager 实例对象之后,通过 getDefaultSensor()方法获取所需的磁场传感器,代码如下。

```
1.// 获取磁场传感器
2.sensorManager.getDefaultSensor(Sensor.TYPE_MAGNETIC_FIELD)
```

3. 定义磁场传感器监听器

重写 onSensorChanged()和 onAccuracyChanged()两个监听事件方法,并在方法中实现磁场强度值的获取、将磁场强度值用编辑框实时显示,代码如下。

```
1.// 定义磁场传感器监听器
2.@Override
3.public void onSensorChanged(SensorEvent event) {
4.float[] values = event.values;   //获取磁场传感器的值
```

```
5.int sensorType = event.sensor.getType();    //获取传感器类型
6.if(sensorType= = Sensor.TYPE_MAGNETIC_FIELD){
7.       EditTextMagnetic_X.setText("X轴磁场强度值为:"+ values[0]);   //显示到编辑框
8.       EditTextMagnetic_Y.setText("Y轴磁场强度值为:"+ values[1]);   //显示到编辑框
9.       EditTextMagnetic_Z.setText("Z轴磁场强度值为:"+ values[2]);   //显示到编辑框
10.   }
11.}
12.@ Override
13.public void onAccuracyChanged(Sensor sensor,int i) {
14.//当传感器精度改变时回调该方法,一般无需处理
15.
16.}
```

4. 注册磁场传感器监听器

注册磁场传感器监听器代码如下。

```
1.//注册磁场传感器监听器
2.@ Override
3.protected void onResume() {
4.    sensorManager.registerListener((android.hardware.SensorEventListener)this,
5.                    sensorManager.getDefaultSensor(Sensor.TYPE_MAGNETIC_FIELD),
6.                    SensorManager.SENSOR_DELAY_NORMAL);
7.    super.onResume();
8.}
```

5. 卸载磁场传感器监听器

当磁场传感器使用完毕后,需要对其监听器进行卸载,可通过 unregisterListener()方法实现,代码如下。

```
1.//卸载磁场传感器监听器
2.@ Override
3.protected void onPause() {
4.    sensorManager.unregisterListener(this);
5.super.onPause();
6.}
```

此例中使用到的重要方法如表 9-5 所示。

表 9-5 磁场传感器使用的方法

功能	调用方法
获取 SensorManager 对象	getSystemService(Context. SENSOR_SERVICE)
获取磁场传感器	getDefaultSensor(Sensor. TYPE_MAGNETIC_FIELD)
获取传感器类型	getType()
注册磁场传感器监听器	registerListener((SensorEventListener) this, sensorManager. getDefaultSensor (Sensor. TYPE_MAGNETIC_FIELD), SensorManager. SENSOR_DELAY_ NORMAL);
卸载磁场传感器监听器	unregisterListener()

三、磁场传感器案例

此案例实现的功能为：通过手机内置的磁场传感器，开发一个可以实时显示手机所处环境的磁场强度值。

真机运行结果如图 9-5 所示。

图 9-5 真机运行结果

第四节 姿态传感器

一、姿态传感器原理

姿态传感器是 Android 中使用最多的传感器之一，该传感器主要感应手机方位的变化，捕获的同样是 3 个参数，分别代表手机沿 yaw 轴、pitch 轴和 roll 轴转过的角度。yaw 轴、pitch 轴和 roll 轴与常规的空间坐标系有所不同，下面分别对这 3 个轴所表示的含义进行详细介绍。yaw 轴是 3 个轴中最简单的一个，其表示的方向是不变的，一直是重力加速度的反方向，即一直是竖直向上的，与手机的姿态无关。pitch 轴的方向并不是固定不变的，而是会随着手机沿 yaw 轴旋转而改变，唯一不变的关系是该轴永远与 yaw 轴成 90°。实际上 yaw 轴与 pitch 轴相当于焊到一起的一个 90°支架，无论手机怎么旋转，其与 yaw 轴的角度都为 90°。roll 轴是沿着手机屏幕向上的轴，无论手机是何种姿态，roll 轴都是沿着手机的屏幕向上的，其方向是与手机绑定的（图 9-6）。

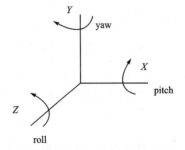

图 9-6 yaw、pitch、roll 轴示意图

二、姿态传感器使用方法

1. 获取 SensorManager 对象

通过 getSystemService()方法获取 SensorManager 对象,代码如下。

```
1. //   获取 SensorManager 对象
2. sensorManager= (SensorManager) getSystemService(SENSOR_SERVICE);
```

2. 获取姿态传感器

当得到 SensorManager 实例对象之后,通过 getDefaultSensor()方法获取所需的姿态传感器,代码如下。

```
1. //   获取姿态传感器
2. Sensor gyposcope =  sensorManager.getDefaultSensor(Sensor.TYPE_ORIENTATION);
```

3. 注册姿态传感器监听器

注册姿态传感器监听器代码如下。

```
1. //   注册姿态传感器监听器
2. sensorManager.registerListener(this,gyposcope,SensorManager.SENSOR_DELAY_GAME);
```

4. 定义姿态传感器监听器

定义姿态传感器监听器代码如下。

```
1. //   定义姿态传感器监听器
2. @Override
3. public void onSensorChanged(SensorEvent event) {
4.     Log.i("test",event.values.toString());
5.     TextView1.setText(event.values[0]+ " "+ event.values[1]+ " "+ event.values[2]);
6. }
7.
8. @Override
9. public void onAccuracyChanged(Sensor sensor,int accuracy) {
10. }
```

此例中使用到的重要方法如表 9-6 所示。

表 9-6　姿态传感器使用的方法

功能	调用方法
获取 SensorManager 对象	getSystemService(SENSOR_SERVICE)
获取姿态传感器	getDefaultSensor(Sensor.TYPE_ORIENTATION)
注册姿态传感器监听器	sensorManager.registerListener(this,gyposcope,SensorManager.SENSOR_DELAY_GAME);

三、姿态传感器案例

此案例实现的功能为：通过手机内置的姿态传感器，开发一个可以实时显示手机方位的变化，捕获的同样是 3 个参数，分别代表手机沿 yaw 轴、pitch 轴和 roll 轴转过的角度。

真机运行结果如图 9-7 所示。

图 9-7　真机运行结果

第五节　小　结

本章重点介绍了 Android 应用的传感器开发，对 4 种常见的传感器（光线传感器、加速度传感器、磁场传感器和姿态传感器）进行了讲解。每一节包括各传感器的原理，使用方法及案例分析，逐步引导读者掌握传感器开发技术。

习题与思考

(1)简述传感器开发的一般步骤。
(2)试根据第三节关于磁场传感器的讲解开发一个具有指南针功能的应用。
(3)思考如何将磁场传感器与姿态传感器结合起来,试开发一个综合应用。
(4)了解其他典型传感器的使用与开发。

第十章　基于 Android 的测控系统

第一节　Android 示波器

开发设计示波器，一般使用 SurfaceView 来实现。SurfaceView 是继承自视图（View）的子类，该类内嵌了一个专门用于绘制图形的 Surface。

一、开发原理

SurfaceView 通常与 SurfaceHolder 结合使用。SurfaceHolder 主要用于在与之关联的 SurfaceView 上进行绘图，调用 SurfaceView 的 getHolder()方法即可获取 SurfaceView 关联的 SurfaceHolder。

SurfaceHolder 提供了 lockCanvas()和 lockCanvas(Rect dirty)两个方法来获取 Canvas 对象。

当对同一个 SurfaceView 调用上述两个方法时，两个方法返回的是同一个 Canvas 对象。但当程序调用 lockCanvas(Rect dirty)方法获取指定区域的 Canvas 时，SurfaceView 将只对 Rect 包围的区域进行更新，通过这种方式可以提高画面的更新速度。

当通过 lockCanvas()方法获取到指定 SurfaceView 上的 Canvas 之后，便可以在程序中调用 Canvas 进行绘图，待 Canvas 绘图完成后需通过 unlockCanvasAndPost(Canvas canvas)方法释放绘图、提交所绘制的图形、更新并显示。

使用 SurfaceView 绘图时常用的方法总结如表 10-1 所示。

表 10-1　SurfaceView 绘图的常用方法

方法	作用
abstract void addCallback(SurfaceHolder. Callback. Callback)	为 SurfaceView 添加回调接口对象
abstractCanvas lockCanvas()	锁定画布
abstractCanvas lockCanvas(Rect dirty)	锁定 dirty 区域指定的画布
abstract voidunlockCanvasAndPost(Canvas canvas)	对画布解锁并提交更新的绘图进行显示

一般而言，使用 SurfaceView 进行绘图可以按照以下几个步骤：
（1）继承 SurfaceView 类并实现 SurfaceHolder. Callback 接口；

(2)通过 getHolder()方法获取 SurfaceHolder 接口对象；

(3)通过 addCallback()方法添加回调接口对象；

(4)通过 lockCanvas()方法获取锁定的画布 Canvas 对象；

(5)使用 Canvas 进行绘图；

(6)通过 unlockCanvasAndPost()方法解锁画布并提交更新的绘图进行显示。

二、简单示波器案例

【例10-1】简易示波器的开发。

在绘制复杂示波器之前可先完成简易示波器的开发，通过开发这一较为简单案例的过程，逐步加深自己对使用 Android 进行绘图的理解。以下为绘制示波器的主要步骤。

(1)获得 SurfaceView 对象并初始化 SurfaceHolder 对象。代码如下。

```
1. showSurfaceView = (SurfaceView) findViewById(R.id.showSurfaceView);
2. holder = showSurfaceView.getHolder();
```

(2)利用 Button 控件实现曲线类型切换。为了绘制不同类型的曲线，本例选用 Button 控件来实现曲线切换，通过事件监听器调用对应的曲线绘制函数，完成目标曲线的绘制，代码如下。

```
1.    btnShowSin = (Button) findViewById(R.id.btnShowSin);
2.    btnShowCos = (Button) findViewById(R.id.btnShowCos);
3.    btnShowBrokenLine = (Button) findViewById(R.id.btnShowBrokenLine);
4.
5.    btnShowSin.setOnClickListener((android.view.View.OnClickListener)this );
6.    btnShowCos.setOnClickListener((android.view.View.OnClickListener)this);
7.    btnShowBrokenLine.setOnClickListener((android.view.View.OnClickListener)this);
8. public void onClick(View view) {
9.    switch (view.getId()) {
10.    case R.id.btnShowSin:
11.         showSineCord(view);
12.    break;
13.    case R.id.btnShowCos:
14.         showSineCord(view);
15.    break;
16.    case R.id.btnShowBrokenLine:
17.         showBrokenLine();
18.    break;
19.    }
20. }
```

(3)折线。此部分为绘制折线的具体函数,代码如下。

```
1.private void showBrokenLine() {
2.// TODO Auto-generated method stub
3.    drawBackGround(holder);
4.    cx = X_OFFSET;
5.if (task ! = null) {
6.        task.cancel();
7.    }   //先将原始任务清空
8.    task = new TimerTask() {
9.
10.int startX = 0;
11.int startY = 550;    //"550"对应第一个点的Y的位置,值越大越靠下
12.        Random random = new Random();
13.@ Override
14.public void run() {
15.int cy = random.nextInt(300)+ 400;   //"300"对应折线幅值,"400"对应中心线高度
16.            Canvas canvas = holder.lockCanvas(new Rect(cx-10,cy -900,
17.                    cx + 10,cy + 900));
18.// 根据X,Y坐标在画布上画线
19.            canvas.drawLine(startX,startY ,cx,cy,paint);
20.//结束点作为下一次折线的起始点
21.            startX = cx;
22.            startY = cy;
23.            cx+ = 10;   //横坐标增加即右移
24.// 超过指定宽度,线程取消,停止画曲线
25.if (cx > WIDTH) {
26.            task.cancel();
27.            task = null;
28.        }
29.// 提交修改
30.            holder.unlockCanvasAndPost(canvas);
31.        }
32.    };
33.    timer.schedule(task,0,300);
34.}
```

(4)正弦、余弦曲线。此部分为绘制正弦、余弦曲线的具体函数,代码如下。

```
1.private void showSineCord(final View view) {
2.// TODO Auto-generated method stub
3.    drawBackGround(holder);
4.      cx = X_OFFSET;
5.if (task ! = null) {
6.        task.cancel();
7.    }
8.    task = new TimerTask() {
9.@ Override
10.public void run() {
11.// 根据是正弦还是余弦和 X 坐标确定 Y 坐标
12.int cy = view.getId()= = R.id.btnShowSin?
13.              centerY- (int) (100 * Math.sin((cx - 5) * 2 * Math.PI/150))
14.              :centerY- (int) (100 * Math.cos((cx - 5) * 2 * Math.PI/150));
15.        Canvas canvas = holder.lockCanvas(new Rect(cx,cy - 2,cx + 2,cy + 2));
16.// 根据 X,Y 坐标画点
17.         canvas.drawPoint(cx,cy,paint);
18.         cx+ + ;
19.// 超过指定宽度,线程取消,停止画曲线
20.if (cx > WIDTH) {
21.            task,cancel();
22.            task = null;
23.         }
24.// 提交修改
25.          holder.unlockCanvasAndPost(canvas);
26.      }
27.    };
28.    timer.schedule(task,0,30);
29.}
```

(5)绘制背景。为了便于观察曲线,增加绘图的美观性,此案例提供了背景设计,代码如下。

```
1.private void drawBackGround(SurfaceHolder holder) {
2.   Canvas canvas = holder.lockCanvas();
3.// 绘制黑色背景
4.   canvas.drawColor(Color.BLACK);
```

```
5.      Paint p = new Paint();
6.      p.setColor(Color.WHITE);
7.      p.setStrokeWidth(2);
8.
9.// 画网格 8* 8
10.     Paint mPaint = new Paint();
11.     mPaint.setColor(Color.GRAY);// 网格为黄色
12.     mPaint.setStrokeWidth(1);// 设置画笔粗细
13.int oldY = 0;
14.for (int i = 0; i < = 8; i+ + ) {// 绘画横线
15.         canvas.drawLine(0,oldY,WIDTH,oldY,mPaint);
16.         oldY = oldY + WIDTH/8;
17.     }
18.int oldX = 0;
19.for (int i = 0; i < = 8; i+ + ) {// 绘画纵线
20.         canvas.drawLine(oldX,0,oldX,HEIGHT,mPaint);
21.         oldX = oldX + HEIGHT/8;
22.     }
23.
24.// 绘制坐标轴
25.     canvas.drawLine(X_OFFSET,centerY,WIDTH,centerY,p);
26.     canvas.drawLine(X_OFFSET,40,X_OFFSET,HEIGHT,p);
27.     holder.unlockCanvasAndPost(canvas);
28.     holder.lockCanvas(new Rect(0,0,0,0));
29.     holder.unlockCanvasAndPost(canvas);
30.}
```

真机运行结果如图 10-1 所示。

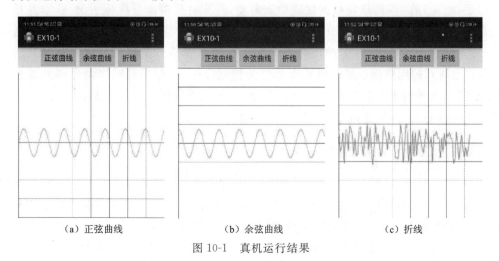

(a) 正弦曲线　　　　　　(b) 余弦曲线　　　　　　(c) 折线

图 10-1　真机运行结果

第二节　基于 Android 平台的电热水器远程控制系统

为满足电热水器控制的灵活性和水温信息获取的方便性等要求，着眼于目前相当普及的 Android 手机，把智能手机作为移动网络终端，将其应用于传统电热水器，利用嵌入式开发技术和 GPRS 远程通信技术，设计了一套电热水器远程控制系统。该系统具有安装方便、价格低廉、使用灵活、界面友好、实时监控等优点，且由于使用了开放的 Android 平台，该系统功能扩展和产品升级十分方便。

一、系统总体方案

电热水器远程控制系统采用成熟的客户/服务器模式，总体方案如图 10-2 所示。系统从结构上分为 3 个部分：客户端、服务器和控制器。

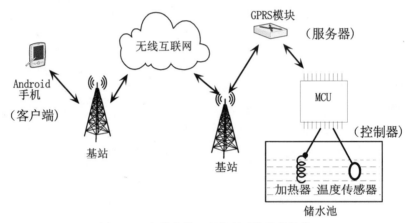

图 10-2　电热水器远程控制系统总体结构

客户端部署在 Android 手机上，接收来自用户的各种控制命令，对获取的指令加工处理后通过手机自带的 3G 网络将数据发送给服务器，并实时反馈命令执行情况，获取并显示水温信息和电热水器开关状态。服务器由 GPRS 模块及其控制器构成，利用大覆盖、高可靠性、低成本的移动互联网络，实现与客户端握手和数据互传。控制器与服务器端共用一个 MCU，将接收到的用户指令解码后转变为开关控制命令，并利用高精度温度传感器提取实时水温数值，再通过服务器下载到用户手机，通过直观、友好的人机界面显示给用户，并等待用户的下一步指令，从而实现整个系统的实时监控。

二、功能设计与操作流程

客户端在 Android 手机上实现，利用 Java 语言开发。软件界面友好，使用方便；开发成本低，不需增加硬件；支持覆盖广、不受地域限制的远程通信方式；保证数据传输的实时性和可靠性。为实现对电热水器的远程控制，客户端具有以下功能：

（1）登录服务器。获取服务器 IP 地址，采用 Socket 方式，建立与服务器的连接。

(2)获取用户开关指令并上传。通过手机触摸屏,获取用户开关指令,编码成字符串后上传给服务器。

(3)实时提取并显示水温。向服务器发送请求,等待服务器向手机发送当前水温数值字符串,获取后解码并在手机屏幕上显示。

客户端操作流程如图 10-3 所示。

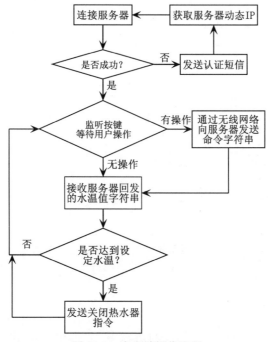

图 10-3　客户端操作流程

客户端首先按照保存的 IP 地址连接服务器,如连接不成功,说明服务器动态 IP 已更改,则向服务器发送请求连接短信,等待服务收到后将新 IP 地址通过字符串形式回发给客户端,后者再次连接,实现 Socket 连接的建立。用户的开关指令编码由客户端手机通过 GPRS 发送字符到服务器接收,"0"表示关闭热水器,"1"表示加热;指令发送后等待服务器回发的水温值字符串,解码后在手机屏幕上显示。用户可以通过手机设定水温,服务器回发的水温若达到设定值则停止加热并发出声音通知用户。

三、服务器及控制器软硬件设计

服务器及控制器共用一个 MCU,硬件上可以集成在一起,以减小系统体积。MCU 选用 STM32F103,功耗低、实时性好、IO 接口丰富,十分适用于该系统的 GPRS 通信、开关控制和温度采集等功能。

为搭建服务器,MCU 外接高性能工业级 GPRS 模块 SIM900A,其工作频段为 900/1800MHz 双频段,支持 RS232 串口和 LVTTL 串口,并带硬件流控制,支持 5~24V 的超宽工作范围,经电平转换后可以非常方便的与 STM32 进行连接,从而提供短信和 GPRS 数据传输等功能。模块采用串口通信发送和接收来自 MCU 的指令。

控制器由光电隔离开关电路和温度采集电路两部分构成。光电隔离开关电路采用光电耦合器与可控硅构成,用于控制加热器的开关,实现弱电对强电的控制;温度采集电路使用高精度的数字温度传感器 DS18B20,经防水设计后接入 STM32 的 GPIO 口。主要硬件电路如图 10-4 所示。

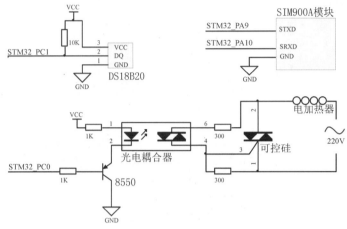

图 10-4　服务器与控制器主要硬件电路图

STM32 的软件采用 Keil 开发,主要包括温度读取、开关控制和建立 GPRS 通信 3 个模块。

四、系统运行结果

系统在实验室中进行了调试与试验,利用容积 2L 的电热杯模拟电热水器。如图 10-5 所示。图 10-5a 为服务器和控制器,STM32 和 SIM900A 构成服务器,可控硅模块控制电热杯加热器的通断。图 10-5b 为用经过防水处理的 DS18B20 作为传感器进行温度采集。如图 10-5c 所示,用一台 Android 智能手机作为客户端,设定水温及开关动作,并获取当前水温,在手机屏幕上显示。

图 10-5　系统测试

实验表明:服务器可以正确接收手机远程控制指令,加热器开关状态与手机远程所设相同;水温值能够实时准确的显示在远端手机上,供用户查看;水温控制准确,误差在±1℃,对家用沐浴用水来说精度足够。

第三节　基于 Android 的数据采集系统设计

一、系统整体需求

随着嵌入式操作系统、信息服务业和移动终端硬件技术的不断发展和快速普及,以及 5G 信息时代的来临,手机在日常生活中发挥着越来越大的作用。在数据采集方面,利用手机作为终端具有体型小、易携带、方便充电等优点。在采集设备日新月异的发展过程中,其发展的趋势是智能化、小型化和多功能化。数据采集系统经过长期发展,其性能越来越注重快速性和实时性,室外作业也不再局限于基于 PC 机的现场布线冗杂的采集平台,而更加注重于移动式采集平台,向开源性、易操作性和多功能性方向发展。本节设计的基于 Android 的数据采集系统,能通过蓝牙进行无线传输,完成手机与单片机之间命令和采集数据的传输,并在手机的应用程序上绘制采集数据的波形。

二、系统功能与结构

本系统采用 Android 作为嵌入式操作系统平台,Android 平台的主控系统的应用程序用 Qt 进行开发,再结合蓝牙通信技术进行数据传输(图 10-6)。用 STM32F103 型单片机通过 HC-05 蓝牙模块发送采集到的多通道数据,上位机 Android 设备通过 HC-05 蓝牙模块接收数据,设计人机界面完成用户与系统的交互,使用触摸屏操作控制采集过程,在屏幕上将接收到的数据绘制波形图,并且进行数据处理和保存。

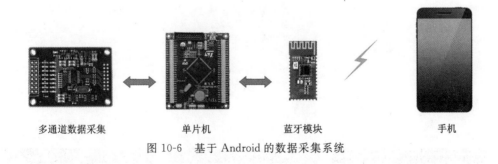

图 10-6　基于 Android 的数据采集系统

三、软件功能设计

本数据采集系统的软件功能框架如图 10-7 所示。根据数据采集系统的整体需求,数据采集软件包含登录界面、主页面和各级功能界面。各级功能界面主要分为 3 个模块,包括通信模块、波形绘制模块以及文件存储模块。

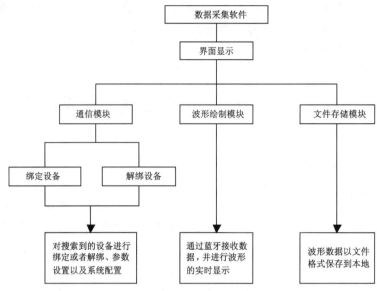

图 10-7　基于 Android 的数据采集系统软件功能

四、Android 程序运行结果

Android 端软件运行结果如图 10-8 所示,从左到右分别是登录界面、主菜单和波形显示结果。

图 10-8　基于 Android 的数据采集系统运行界面

第四节　其他 Android 平台嵌入式仪器案例

一、基于 Android 的医学检测系统

在医疗行业，Android 可以将各类数据进行整合，由此产生了一类基于医疗检测仪器的网络化数据平台，该平台研究并实现了核酸检测仪器网络化数据平台，建立了检测端、服务端、移动端 3 层系统架构平台。检测端（图 10-9）控制核酸检测仪器完成检测过程，并将检测数据同步更新至服务端，通过浏览器网页实现数据操作与管理构建了移动端软件，使用户可通过 Android 手机访问并操作服务端数据。将检测端、服务端、移动端整合关联，构建"检测端—服务端—移动端"一体化仪器控制、数据管理及信息综合利用平台。

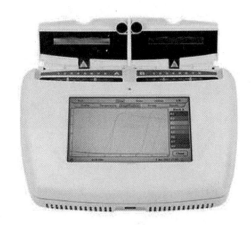

图 10-9　核酸检测仪

二、基于 Android 的气相色谱仪温度检定装置

随着气相色谱仪在化工、生物、食品、科研生产中的广泛使用，许多地方计量部门需要利用相应的检定装置，开展对地方气相色谱仪相关参数的计量检定工作。《气相色谱仪检定规程》规定了气相色谱仪的柱箱温度稳定性、程序升温重复性的检定方法。

图 10-10 为基于 Android 的气相色谱仪温度自动化检定系统，系统采用 Android Studio 开发环境，利用串口通信技术，完成了 Android 手机端应用软件开发，实现温度的测量和气相色谱仪的柱箱温度稳定性、程序升温重复性的自动检定。该系统的设计可实现 Android 手机远程显示控制的气相色谱仪温度自动检定结果，减少检定人员的工作量，提升检定准确性和实验室自动化能力，提高工作效率。

三、基于 Android 的测量机器人装置

基于 Android 架构还可以在以往的测量仪器或者硬件基础上进行开发。如图 10-11 所示，以测量机器人为硬件条件，结合移动 Android 技术、计算机技术、网络通信技术、云存储技术等，开发一套能够充分利用测量机器人对建筑物形变信息进行自动化采集、处理、分析、存储一体的变形监测系统，达到能够为建筑物在建设和运营阶段的变形监测任务提供高效、安全的监测手段和方法。

图 10-10　气相色谱仪温度检定装置及软件

图 10-11　Android 测量机器人装置及移动端检测软件

四、基于 Android 的智能家居物联网安防系统

随着物联网技术逐渐发展成熟,智能家居成为热门研究领域。智能家居安防系统在给人们的家居生活带来全新的智能化体验的同时,更加注重居住安全。基于 Android 的移动物联网系统(图 10-12)可以实现家庭火灾报警、智能温度显示与控制、RFID 门禁、红外检测自动开关门以及家居设备控制等功能。用户可以在终端对家居进行智能化管理,能够在 App 上看到家中状态,如温度、烟雾浓度、是否有火以及是否有人入侵等。可以通过智能终端 App 对家居设备进行远程控制,为现代家居生活提供更安全、更舒适、更便捷的服务。

图 10-12 智能家居物联网安防系统

五、基于 GPRS/GSM 的远程抄表系统

远程抄表系统是一种不需人员到达现场就能完成自动抄表的新型抄表方式。它是将远程传输技术、计算机技术和通信技术相结合，自动读取和处理表计数据，将用户的用水、电、气等信息加以综合处理的技术。目前，公共移动通信得到了迅速普及，利用短信业务或移动网络开发远程抄表系统，可以弥补传统抄表方式的不足，实现抄表的自动化，提高抄表的准确性和及时性。

如图 10-13 所示，无线远程抄表系统由数据处理中心、无线移动通信网络和现场抄表终端 3 部分组成。抄表终端与多功能电能表通过 RS-485 总线相连，每个抄表终端可以连接多块电能表，多个抄表终端基于 GPRS 或 GSM 网络通信的无线通信技术，将电能表数据实时可靠的采集并传输到数据库服务器。系统通过无线通信方式，把众多孤立分布在城市中的用户终端连接起来，汇接到数据中心实现集中抄录和监测。数据处理中心再通过智能化的系统应用软件，提供实时性好、稳定性高的数据和事件记录。同时，现场终端也可以接收来自数据中心的测控命令。

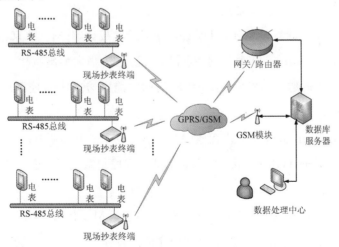

图 10-13 远程抄表系统结构图

主要参考文献

鲍东东,2020. 基于 Android 系统的 Leica 测量机器人自动化变形监测系统[D]. 北京:北京建筑大学.

陈建明,2017. 嵌入式系统及应用[M]. 北京:国防工业出版社.

郭霖,2016. 第一行代码:Android[M]. 2 版. 北京:人民邮电出版社.

何红辉,2016. Android 开发进阶:从小工到专家[M]. 北京:人民邮电出版社.

何尚平,陈艳,万彬,等,2019. 嵌入式系统原理与应用[M]. 重庆:重庆大学出版社.

黑马程序员,2017. Android 移动开发基础案例教程[M]. 北京:人民邮电出版社.

胡文,金雪松,陈铭,2015. Android 嵌入式系统程序开发(基于 Cortex-A8)[M]. 2 版. 北京:机械工业出版社.

教育部考试中心,2019. 全国计算机等级考试三级教程——嵌入式系统开发技术[M]. 北京:高等教育出版社.

林信良,2018. Java JDK 9 学习笔记[M]. 北京:清华大学出版社.

刘龙,张云翠,申华,2015. 嵌入式 Linux 软硬件开发详解:基于 S5PV210 处理器[M]. 北京:人民邮电出版社.

刘望舒,2017. Android 进阶之光[M]. 北京:电子工业出版社.

罗雷,韩建文,汪杰,2014. Android 系统应用开发实战详解[M]. 北京:人民邮电出版社.

明日科技,2012. Android 从入门到精通[M]. 北京:清华大学出版社.

钱烺,罗小娟,宋璐璐,等,2021. 基于物联网的智能家居安防监控系统设计[J]. 物联网技术,11(3):28-30.

任玉刚,2015. Android 开发艺术探索[M]. 北京:电子工业出版社.

宋恒力,2014. 基于 Android 平台的电热水器远程控制系统[J]. 电子技术,43(12):55-58+54.

孙更新,邵长恒,宾晟,2011. Android 从入门到精通[M]. 北京:电子工业出版社.

汪远征,张瑾,李蔚,等,2009. Java 语言程序设计教程[M]. 北京:机械工业出版社.

王青云,梁瑞宇,冯月芹,2014.ARM Cortex-A8 嵌入式原理与系统设计[J].北京:机械工业出版社.

徐宜生,2015.Android 群英传[M].北京:电子工业出版社.

许大琴,万福,谢佑波,2015.嵌入式系统设计大学教程[M].2 版.北京:人民邮电出版社.

杨叶花,黄锋,梁满兵,等,2020.基于 Android 的气相色谱仪温度自动检定系统的设计[J].计测技术,40(3):41-43.

杨谊,喻德旷,2017.Android 移动应用开发[M].北京:人民邮电出版社.

朱元波,2016.Android 传感器开发与智能设备案例实战[M].北京:人民邮电出版社.

朱兆祺,李强,袁晋蓉,2014.嵌入式 Linux 开发实用教程[M].北京:人民邮电出版社.

BUDI KURNIAWAN,2016.Java 和 Android 开发学习指南[M].2 版.李强,译.北京:人民邮电出版社.

LARS BENGTSSON,LENNART LINDH,2016.嵌入式 C 编程实战[M].李华峰,译.北京:人民邮电出版社.